Gustav Reichenbach

Die Orchideen Zentralamerikas

bremen
university
press

Gustav Reichenbach

Die Orchideen Zentralamerikas

ISBN/EAN: 9783955621025

Auflage: 1

Erscheinungsjahr: 2013

Erscheinungsort: Bremen, Deutschland

bremen
university
press

Reichenbach, Heinrich Gustav

ORCHIDEEN
in
Zentral-Amerika

Hamburg 1866

Centralamerika scheint nach unsrer heutigen Kenntniss eine der reichsten Orchideenfloren zu besitzen. Das Glück hat mir nicht nur wohlgewollt, indem mir mehrere der schönsten Sammlungen von dort zukamen, so reich, wie Lindley sie nie erhalten, sondern ich kann nach menschlichem Ermessen noch mehreren Sendungen von dort entgegensehen.

Ein Ueberblick über die Sammlungen, die ich hier zusammenstelle, muss nothwendig zu der Ueberzeugung führen, dass noch zahlreiche Arten, ganz besonders unter den kleineren, der Entdeckung harren. Theils aus diesem Grunde, theils aus Rücksicht gegen die Sammler, deren Keinem noch bisher eine vollständige Aufzählung seiner hochverdienstlichen Leistungen geworden, habe ich die von meinem verewigten Freunde Lindley so oft befolgte Methode angenommen, die einzelnen Sammlungen bei einander zu besprechen. Nur die dritte derselben war erst gänzlich ununtersucht. Die zwei ersten dagegen finden sich schon grösseren Theils, meist von mir, benutzt, wie die Citate beweisen. Nie aber, wie schon angedeutet, ist das gesammte Material vollständig mitgetheilt. Dazu geschahen jene Publicationen, nicht ohne den Druck jener Eile, in der Lindley und ich so oft um die Wette veröffentlichten. Es schien geboten, die gesammten Studien noch einmal zu machen, kürzere Diagnosen zu geben, verändert, wie sie die Summe der neuen Entdeckungen forderte. Noch im vergangenen Herbst habe ich zu Kew jetzt benutzte Studien zu diesem Zwecke gemacht.

Indem ich für die etwas verspätete Abhandlung um geneigte Aufnahme bitte, spreche ich die frohe Hoffnung aus, dass die von mir beabsichtigte Orchidographia centrali americana zu schreiben mir vergönnt sein möge unter der wissenhaftesten Ausnutzung jener Verbindungen, wie sie neben London unser Hamburg so reichlich bietet.

I. Orchideae Warscewiczianae.

Von Warscewicz's Name glänzt unter denen, welche die Orchideenkenntniss ganz besonders erweitert haben. Die hier aufgezählte Sammlung ist in ihrer Art eine sehr denkwürdige Trophaee und sie dürfte das einzige erfreuliche Resultat jener traurigen belgischen Colonisirung von St. Thomas de Guatemala sein, welcher so viele wackere Männer zum Opfer fielen. Warsewicz floh noch zum Sterben erschöpft das ungastliche Gebiet und erforschte die gesünderen Gebirgszüge. In den Jahren 1851 — 53 verfloss kaum ein Monat, wo nicht irgend eine seiner trefflichen Neuigkeiten in London, Berlin oder Hamburg aufgetreten wäre.

Herr von Warsewicz machte mich zum Besitzer seiner eignen Orchideen-sammlung, eines Unicums, nach dem man in England so herzlich verlangt hatte.

Auch von den lebenden frischen Blüthen erhielt ich eine reiche Ausbeute und mit innigem Danke gedenke ich der Herren Gireoud, Haseloff und Matthieu in Berlin, und der Herren Senator Jenisch und G. Schiller in Hamburg, welche letztere die durch die Herren Kramer und Stange gepflegten Neulinge mir sendeten.

Für Nichtkenner der Orchideen erwähne ich noch, dass Herr von Warsewicz noch eine zweite Reise, nach Columbien besonders, veranstaltete, deren glänzende Ergebnisse ebenfalls einer vereinigten Darstellung noch harren.

Ophrydeae Lindl.

1. **Habenaria petalodes** Lindl. Gen. Sp. Orch. 316: **var. micrantha**. Rchb. f. ined. Non spithamaea, polyphylla. Folia abbreviata ovata acuta in bracteas abeuntia. Racemus bipollicaris subdensiflorus, floribus porrectis, bracteis semilanceis ovaria pedicellata aequantibus. Sepala oblonga obtuse acuta, tepala flabellata apice retusiuscula cum apiculo in medio, supra basin inferiorem obtusangula, obscure colorata. Labellum lineare. Calcar filiforme ovario pedicellato paulo longius. Rostelli dens liber acuminatus. Crura stigmatica obtuse acuta.

Valde mirum plantam hucdum tantum in Brasilia (terra de Itacolumi Minas Geraës Martius!) lectam in Panama repertam licet varietate adeo micrantha, ut flores bene plus duplo sint minores. Panama.

Neottiaceae Lindl.

2. **Chloidia sp.** forsan flava Rchb. f. in Walp. Ann. VI. 644! Specimen non evolutum alabastris a bracteis tectis.

Nasser Thonboden. Cordilleren von Chiriqui, 6000'. December.

Obs. Non liquet, cur cl. Grisebach in Flora of the Brit. West-Ind. Isl. sibi auctoritatem hujus speciei attribuerit.

Arethuseae (Lindl.) Rchb. f.

Sobralia Rz. Pav.
Fl. Peruv. Prod. 120. t. 26!
Sect. Inflorescentia terminalis.

+ Vaginae laeves seu verruculosae, arpophyllaceae, numquam papillis muriculatis asperae.

+ Flaviflorae.

3. **Sobralia macrophylla** Rchb. f. in v. Mohl & v. Schlechtendal B. Zeitg. 1852. p. 713: caule ancipiti, humili, foliis lato ovatis superne vernixiis, bractea spathacea brevi, sepalis oblongoligulatis acutis, labello oblongo rotundato porrecto crispulo.

Sobralia macrophylla Rchb. f. Lindl. Folia I. Sobralia No. 23! Rchb. f. Xenia I. pag. 218 Tab. 90! Sobralia chlorantha Hook. B. Mag. 4632! Van Houtte Flore des Serres VIII ad pag. 245!

Humilis, bene valida. Caulis calamum anserinum crassus, anceps. Folia supra vaginas in laminas late ovatas cuneatas acutas protensa, quae superne adhuc vernixiae ubi siccae. Flos croceus elongatus ex bractea pollicem longa foliacea, apice tantum apertus summa anthesi sepalorum tepalorumque apicibus reflexis, labelli apice porrecto. Sepala in tubum connata per quartam imfimam deinde fissa oblongoligulata acuta, tepala sublatiora acuta. Labellum latum magnum, crispulo undulatum porrectum. Columna clavata subcurva apice tridentata.

Mense Novembri supra Erythrinas prope Chiriqui! Praeterea planta, quae floruit apud Lucombe, Pince & Co. Junio 1852 a Para Brasiliae a domino Yates missa dicitur (cf. B. Mag. 4682!). Tandem huc videtur pertinere planta lecta a cl. amic. Spruce licet elatior: 1799. „Rhizoma subrepens. Caules numerosi, suberecti tri- — quinquepedales. Flores albidi vel pallide sulphurei tenerrimi. — In rupibus cataractarum fluvii Naupés." Spruce! (Vid. in herb. Lindleyano, non habeo brasilianam).

4. **Sobralia Lindleyana** Rchb. f. in v. Mohl & v. Schlechtendal B. Zeitg. 1852. p. 713: caule teretiusculo, humili, foliis oblongis acutis subplicatis, bracteis scariosis compressis ancipitibus, sepalis ligulatis acutis, labello cuneato oblongo crispulo, per discum barbato, callo depresso in basi. Sobralia Lindleyana Rchb. f. in Lindl. Folia I. Sobralia No. 10.

Humilis, vulgo spithamaea, nunc altior; paucifolia. Vaginae nervosae, acutae. Folia cuneato oblonga apicibus attenuata summis apicibus tridentata. Folium summum vagina amplissima cucullata inflorescentiam induit. Flores pallide albo vitellini labello pulchre croceo maculis quibusdam rubris. Sepala ligulata acuta. Tepala subaequalia nunc paulo latiora. Labellum cuneato oblongum antice valde undulatum; in basi callo semiovato depresso, disco barbato. Haec barba in speciminibus siccis saepius nec lentibus quidem reperiri potest. Columnae dorsum carinatum in cucullum androclinii posticum exit. Dentes androclinii laterales falcati introrsum serrati.

„Zwei Fuss hoch. An Steingeröll des Vulcans von Chiriqui, auch in Schluchten. 9000′. November." — Florentem vidi in horto b. Senatoris Jenisch colente dom. Kramer, et in horto Schilleriano colentibus dom. Stange et Schmidt.

5. **Sobralia Bletiae** Rchb. fil. in v. Mohl & v. Schlechtendal B. Z. 1852 pag. 713: gracilis, caule tereti folioso, foliis oblongo lanceolatis, spica abbreviata, bracteis oblongis acutis, labello cristato antice trilobo lobis lateralibus falcatis, lobo medio breviori obcordato crispo.

Sobralia Bletiae Lindl. Folia Orchidacea I. Sobralia No. 11! Rchb. f. Xenia I. p. 76 Tab. 30 I. 1.

Gracilis. Caulis calamum columbinum crassus. Vaginae nervosae laeves. Folia oblongo lanceolata, utrinque attenuata, apice minutissime tridentata. Spica terminalis valde abbreviata, pauciflora, floribus succedaneis. Bracteae oblongae acutae chartaceo membranaceae. Perigonium illi Sobraliae sessilis Lindl. paulo minus. Sepala lanceolata acuta basin usque libera. Tepala oblongo lanceolata acuta apicibus acutis reflexa. Labellum a cuneata basi flabellatum antice trilobum. Lobi laterales introrsum falcati integri, lobus medius obcordatus crenulatus. Venae quinae mediae crispulo carinatae. Par abbreviatum divaricatum cristularum in basi; tria paria similia ante basin loborum lateralium in lobo medio tantum venae ternae internae carinatae et utrinque par superpositum carinarum cristuligerum, pari antico furcato. Columna gracilis aequalis (seu apice vix clavata) labelli dimidio longior, falculis apicilaribus angustis. Perigonium flavoviridulum labello tamen albo disco ac carinis aurantiacis.

An feuchten Plätzen der Wälder auf Spondias unfern der Stadt David in Chiriqui. December.

+ + Rubriflorae.

6. **Sobralia labiata** Wswz. Rchb. fil. in v. Mohl & v. Schldl. B. Zeitg. 1852. p. 714!: elata, foliis lanceolatis acuminatissimis plicatis, bracteis heliconiaceis lanceolatis acuminatis, labello in limbum ampliatum transversum rotundum crispum subito exampliato.

„Sobralia labiata Wswz." (falsissime pro Sobralia labiata Wswz. et Rchb. f.) Lindl. Folia I. Sobralia No. 7! Rchb. f. in Van Houtte Fl. des Serres VIII. 247!

Praesto est caulis pars subpedalis. Planta forsan multo altior. Caulis gracilis, calamum anserinum crassus. Vaginae acutae nervosae. Folia cuneato lanceolata acuminatissima bene dura, longitudinaliter valde plicata. Bracteae elongatae, semilanceo acuminatae, infimae prope quadripollicares. Sepala oblongo-ligulata acuta. Tepala bene latiora undulata. Labellum a basi latocuneata abrupte expansum, dilatatum, apertum, undulato crispulum. Columna bene brevis pollicem longa, apice trifalcato tridentata. Floris tela tenuissima, zephyrinohyalina. Color intense persicinus. Omnino est diminuta Sobralia macrantha Lindl.

Provinz Chiriqui im November an warmen feuchten Stellen am Flusse Schorche.

7. **Sobralia roseoalba** Rchb. fil. Mss. aff. Sobraliae fragranti Lindl. caule ancipiti vaginato, monophyllo seu diphyllo, foliis cuneato oblongis acutis, folio summo spathaceo cum bractea florem induente, sepalis in tubum basi connatis oblongoligulatis, acutis, tepalis oblongis acutis, labello late oblongo sub-acuto integro.

Caespitosa. Caules tri-usque duodecimpollicares, ancipites, vaginis nonnullis ancipitibus, nervosis, vulgo ternis, summa maxima, distante. Folium unum (raro duo) cuneato oblongum acutum, nervis quinque prominentibus; aliud superius (vulgo secundum, nunc tertium) in laminam sessilem a vagina lata ampliatum. Bractea scariosa triangula anceps brevis. Sepala basi connata, oblongoligulata acuta. Tepala oblonga acuta. Labellum latooblongum subacutum. Sepala alba. Tepala purpurea. Labellum purpureo marginatum. Capsula erecta nitida, tandem sexvalvis, columna indurata nitida coronata.

Locus specialis non innotuit. Descriptio floris ex icone Warscewicziana. Adsunt in herbario tria specimina fructifera.

8. Sobralia macrantha Lindl. Sert. Orch. sub tab. 29! Bot. Reg. XXVIII. 1842. Misc. 65! ("It is the leader of the crème of its order"). Bat. Orch. Mex. Guat. t. 37! — Paxton Mag. 1847. p. 241! — Parad. Vindob. fasc. 9. — Ann. de la Soc. d'hortic. de Gand. III. 129. t. 123! Hook. B. Mag. 4446! Van Houtte Fl. Serres VII. 669!

A S. labiata primo intuitu facillime distinguenda, sed ubi characteres quaeras, minus facile. Planta est elatior. Folia vulgo lato oblonga acuta, raro acuminata, si quidem plicata, nunquam adeo plicata, uti in praecedenti. Bracteae multo latiores. Sepala externa uti in praecedenti, basi paulisper connata. Labellum in partem ampliatam sensim, nec subito expansum. Lamellae introrsum liberae duae in ima basi. Columna media antice angulata. Androclinium cucullatum, summo vertice tridentatum. Fovea limbosa. Rostellum medio retusum, utrinque extrorsum descendens. Anthera stipite in dente medio androclinii suspensa, depresso cucullata, vulgo apice bi- seu tridentata. Pollen valde contiguum more generis massas lobosas efficiens.

In Guatemala et Nicaragua: viator noster egregius.

Praeterea suppetit speciminum copia vere improba. Mexico: Zacuapan Leibold! Jalapa Schiede.! Ehrenberg! Orizaba Botteri 1016! Vitoc Pavon! Talea Jürgensen 596! 699! Villa alta Jürgensen 5162! Mirandola Sartorius! Oaxaca, Vera Cruz Galeotti 5274!

Obs. Quae sit Sobralia Galeottiana A. Rich. Ann. sc. nat. 1845 p. 30 ego nescio. Specimina No. 5286, quae ill. b. amicus Lindley affert in Folia I. Sobralia No. 15 ego nunc ipse possideo ex herbario Galeottiano, cuius Orchideas omnes habeo. Est planta peregregia, prope Talea Oaxacae lecta, a Sobralia macrantha longe diversa, Sobraliae Klotzschianae Rchb. f. et fimbriatae Pöpp. Endl. admodum similis bracteis abbreviatis vaginisque setiferis. Pertinet ad sequentem sectionem. Specimina contra, quae affert cl. Lindley sub Galeotti 5317 bene novi et ipse plura possideo. Haec sine ullo dubio pertinent ad Sobralium decoram Bat. Orch. Mex. Guat. tab. 26, quam in Xeniis I, pag. 71 tab. 30. II, 2—9

illustravi. Inde vix est dubitandum, omnem Sobraliam Galeottianam esse synonymum Sobraliae decorae Bat., quam se non cognovisse, ill. beatus amicus Lindley,
l. c. ipse confessus est.

╋╋ Vaginae verrucosae et juniores quidem adhuc papillis muriculatis dein
deciduis obsitis.

9. Sobralia Fenzliana Rchb. fil. in v. Mohl & v. Schldl. B. Zeitg.
1852 p. 714: elatior, foliis cuneatis oblongis acuminatis, bracteis spathaceis abbreviatis, furfuraceis, perigonio hyalino, sepalis ligulatis acuminatis, tepalis paulo
latioribus, bene brevioribus, labello cuneato flabellato antice crispulo.

Sobralia Fenzliana Rchb. fil. in Lindley Folia Orchidacea I. Sobralia No. 18.

Prope bipedalis. Vaginae nervosae papillis nigris hispidulis asperrimae
uti caulis. Folia cuneato oblonga acuminata, marginata, bene plana, nervis pallidis
inferne bene prominulis septenis, septem usque octo pollices longa, prope tres lata.
Bracteae congestae abbreviatae acuminatae, dense muriculatae. Flos illi Sobraliae
labiatae subaequimagnus. Sepala ligulata acuminata. Tepala cuneato oblongoligulata
acuta quintam partem breviora. Labellum cuneato flabellatum antice rotundatum,
crispulum. Columnae androclinium trifidum. Perigonium roseum, hyalinum.

Costa Rica. Chiriqui 1—2000′ Octobri. (Etiam a Pavonio lecta et a cl.
Oerstedio).

10. Sobralia Warscewiczii Rchb. f. in v. Mohl & v. Schldl.
B. Z. 1852 p. 714: elata, foliis lato ovatis acutis subplicatis, bracteis spathaceis
latis acutis paulo furfuraceis, perigonio membranaceo carnosulo, sepalis lato ligulatis
acutis tepalis bene latioribus, subbrevioribus; labello cuneato flabellato bilobo, antice
et laterum dimidio antico crispulo, carina obscura a basi per discum longitudinali.

Sobralia Warscewiczii Rchb. fil. Lindl. Folia I. Sobralia No. 17.

Planta bene valida forsan Sobraliae macranthae aequalis. Vaginae arctae nervosae
rugulosae arpophyllaceae, juniores hispidulae. Folia maxima, sicca fere cartilaginea,
ovata acuta in herbario subplicata, nervis undecim validis, interjectis subtilibus numerosis. Bracteae convolutae lato spathaceae acutae coetaneae, extus fusco papillosae.
Flos amplus membranaceo carnosulus, telae floris Sobraliae roseae, prope Sobraliae
dichotomae, ex icone ab amico de Warscewicz juxta vivam plantam confecta
intense purpureus. Sepala ligulata acuta. Tepala bene latiora oblonga acuta apicem
versus hinc lobulata. Labellum cuneato flabellatum, bilobum, antice et lateribus
usque versus medium crispolobulatum, carina longitudinali humili a basi apicem
versus. Papillae minutae in ima basi. Columna clavata, apice trifida, dentes
laterales falcati intus carinati.

Nur an feuchten Stellen des Vulcanes von Chiriqui 6000′ November,
December. Blüthe sehr lebhaft purpurn.

Icones.

Tab. I. **Sobralia Warscewiczii** Rchb. fil. Summitas caulis cum flore juxta iconem ab amiciss. de Warscewicz loco confectam. 1. Columna antice aucta. 2. Labellum expansum juxta specimen siccum, unde minus crispatum, quam vivum ex icone Warscewicziana.

Sobralia macrantha Lindl. saepissime iconibus adumbrata, sed analyses a nemine datae. 3. Flos demto perigonio. Vides insertionem inaequalem sepalorum lateralium et labelli ac augulum columnae. 4. Columnae pars superior antice. + 5. Anthera inferne. + 6. 7. Pollinaria inferne et superne. + 8. Basis labelli.

Obs. Adest praeterea Sobralia Warscewicziana statu fructifero, forsan S. macrophylla, ex Vulcano de Chiriqui. Fructus duos longos acutos, sexvalves offert rimis transversis egregios.

Fregea Rchb. fil.

v. Mohl & v. Schldl. B. Zeitg. 1862 p. 712.

Perigonium pellucido membranaceum. Sepala et tepala oblongo lanceolata. Labellum trilobum mediae columnae adnatum; auriculae basilares obtusangulae, erectae abbreviatae, columnam circumdantes, lobus medius magnus a cuneata basi dilatatus, obtusangulo bilobus cum apiculo in sinu. Columna perbrevis, androclinio nudo, antheram liberam in vertice offerente, brachio falcato utrinque antice.

11. **Fregea amabilis** Rchb. fil. l. c. Humilis, vix spithamaea. Caulis tennis vaginis acutis papulosis. Foliorum laminae cuneato oblongae apice rostrato acuminatae, imo apice tridentatae. Nervi prominuli noveni, nervis marginantibus inclusis. Bracteae vaginiformes, angustae, elongatae, ovaria superantes, externa bene papulosa. Perigonium tenuissimum hyalinum roseum. Sepala et tepala a latiori basi ligulata obtuse acuta. Labellum auriculis obtusangulis columnam brevissimam cingens, lobo antico cuneato flabellato dilatato obtusangulo emarginato cum apiculo in sinu. Basis intus verrucosa. Columna vertice nuda; antheram libere obtendens, brachiis geminis falcatis porrectis juxta foveam.

Plantam anno 1852 grato animo inscripsi nunc beato Christiano Gottlobio Frege, viro Lipsiensi ditissimo ac celeberrimo, qui thesauris suis non vulgari modo fructus summo amore rem hortulanam et botanicam amplexus, quondam patris mei discipulus, mihi usum hortorum magnorum bibliothecaeque ditissimae summa cum liberalitate concessit. Est rarissima teste amico Warscewicz et videtur unicum, quod ipse possideo, specimen cognitum esse in Europa.

Cordilleren in Chiriqui, 6—8 Zoll hoch. October. An einer nassen und kalten Stelle. Höchst selten.

Icones.

Tab. II. Caules duo floridi. Suppositum labellum auctum transsectum, ut videas columnam.

12. **Crybe rosea** Lindl. l. c. Bletia purpurata. A. Rich. & Gal! Guatemala.

Vandeae.

Mesospinidium Rchb. fil.

v. Mohl & v. Schldl. B. Zeitg. 1852. p. 929!

Genus Odontoglossum H. B. Kth. inter et Brachtiam Rchb. fil. (Oncodiam Lindl.): ab utroque genere diversum rostello, limbo androclinii dependente, mento spurio, columna antice foveata, pollinario. Perigonium subcarnosum, clausum. Sepalum summum lanceolatum. Sepala lateralia connata, apice bifida, lacinia utraque lancea, basi subsaccata, labello supposita. Tepala triangulo lanceolata acuta, sepalis basi imbricantibus. Labellum cuneatum obcordatum limbo revoluto, carinae duae unguem marginantes eboraceae nunc antice lobatae canalem velutinum inter se linquentes, lamella biloba depressa anteposita; subimmobile. Columna semiteres, antice profunde excavata. Androclinii limbus utrinque descendens, rostellum ascendens, acuto triangulum bicuspidatum. Anthera depressa mitrata unilocularis, antice retusa, medio cuspidata. Pollinia globosa, postice minute perforata. Caudicula linearis basi latior.

13. **Mesospinidium Warscewiczii** Rchb. fil. l. c. Xenia I. 36. Tab. 16. I. 1—11 — Walp. Ann. VI. 856.

Habitus Odontoglossorum e sectione Myanthiorum. Folium basi breviter cuneatum oblongo lanceolatum acutum pergameneum. Sat mira planta. Columna enim in pedem non est producta, unde de vero mento non dicendum. Sed cum latera illius organi sint omnino protracta, fit, ut perigonii phylla lateralia externa non sint super ovarium ipsum, sed pone illud inserta. Flores illis Oncidii linguiformis Lindl. subaequales olivacei, purpureo guttati. Labelli cuneus albidus, limbus flaveolus purpureo guttulatus, lamella biloba flaveola.

Genauer Fundort unbekannt. Die Pflanze erschien unter den Spolien der ersten Expedition im Garten des Herrn Senator Jenisch, cultivirt von Herrn Obergärtner Kramer.

14. **Macradenia Brasavolae** Rchb. fil. Walp. Ann. VI. 697: sepalis tepalisque lanceolatis acuminatis, subaequalibus, hyalino membranaceis, labello trilobo, basi cuneato, lobis lateralibus rotundatis, abbreviatis, lobo medio cuspidato elongato, androclinii alis marginantibus membranaceis, denticulatis, processu rostellari lanceo.

Macradenia? Brasavolae Rchb. fil. in v. Mohl & Schldl. B. Zeitg. 1852. p. 754.

Pseudobulbus ligulatus anceps. Folium oblongolanceolatum acutum. Racemus ex axilla squamae scariosae. Bracteae membranaceae, lanceolatae, acuminatae. Guatemala.

2*

15. **Notylia albida** Klotzsch. Allg. Zeitg. 1851. 281!: sepalo superiori ovato acutiusculo, inferiori subaequali bidentato, labello brevissime unguiculato oblongo acuto, medio utrinque angulato, antrorsum attenuato, basi utrinque ante unguem rotundato, columna apice ascendenti recurva, labelli dimidium aequanti.

Notylia albida Klotzsch. Rchb. fil. Xenia Orchid. I. 48!

Ex America centrali (Non habeo spontaneam, sed cultam siccam).

16. **Lockhartia mirabilis** Rchb. fil. Xenia I p. 100!: labello basi trilobo, lobis lateralibus linearibus elongatis, lobo medio ligulato apice reniformi bilobo. Oncidium mirabile Rchb. fil. in v. Mohl & v. Schldl. B. Zeitg. 1852. p. 697! Lindl. Folia I. Oncidium No. 34!

Lockhartia mirabilis Rchb. fil. Walp. Ann. VI. 820!

Sepala et tepala ovata obtusiuscula subaequalia. Labelli lobi postici ligulati lineares, retusi, retrorsi, basi anteriori transeuntes in unguem lobi medii subito reniformis bilobi, carina obovatula a basi labelli ad medium unguem usque, ibi fasciculo dentium collecto. Columnae minutissimae alae quadratae excisae.

Chiriqui.

17. **Trichopilia suavis** Lindl. Paxt. Fl. G. I. p. 44. No. 70 et 53, tab. 11: folio plano pergameneo, pseudobulbis obcordatis ancipitibus, sepalis tepalisque lineari ligulatis acutis non tortis, androclinii limbo alto circa dorsum lobulato serrulato.

Trichopilia suavis Lindl. Hook. B. Mag. 4654! Van Houtte Fl. des Serres VIII. 761 p. 29! Lem. Jard. III. 277! Walp. Ann. VI. 681!

Pseudobulbi ovati ancipites obcordati. Folium a cuneata basi oblongum acutum maximum et latissimum. Pedunculus porrectus usque quadriflorus. Bracteae ovatae acutae scariosae pedicellos semipollicares aequantes. Ovaria viridi glauca plusquam pollicaria. Sepala et tepala cuneato ligulata obtuse acuta, albido ochroleuca. Labellum per lineam mediam alte cum columna connatum, antice ampliatum, quadrilobum, lobis obtusatis, toto limbo minute crenulatum, undulatum plicatum ochroleuco album maculis luteis in fundo, guttis pallide violaceis plurimis praeterea. Columna crassa. Fovea porrecta, ambitu pentangulo, rostello bidentato. Androclinii cucullus limbo fissolobato serratus. Antbera pentangula per dorsum incrassata. Pollinia pyriformia, postice fissa. Caudicula trullaeformis in apicem longam linearem exiens. Glandula subrotunda.

In America centrali, nisi egregie fallor, cum Trichopilia marginata. (Non habeo spont., sed iconem loco confectam et saepissime vidi vivam cultam.)

18. **Trichopilia marginata.** Henfr. Gard. Mag. Juli 1851 c. fig.: foliis pergameneis, labello ima basi cuneato apice bene sinuato bilobo, basin versus manifeste bifoveato, pseudobulbis lineariligulatis, sepalis tepalisque semel tortis, androclinii limbo integro minutissime serrulato.

Trichopilia marginata Henfr. Rchb. fil. Xenia II. p. 102! Walp. Ann. VI. 682!
Trichopilia coccinea Wswc. Corr. Gard. Lindl. Paxt. Fl. G. II, 79 tah. 54!
Hook. B. Mag. 4857! Lem. Jard. fl. 184! Van Houtte Fl. des Serres 1490!

Pseudobulbi lineari ligulati ancipites vaginis pulchre brunneo punctatis stipati quarum fasciculi mox liberi fibrae comam efficiunt loco originario. Folia cuneato oblongoligulata, acuta. Flores ex axillis vaginarum in pedunculis uni-usque bifloris. Bractea spathacea pedicellum semipollicarem ovarii pollicaris aequans. Sepala et tepala cuneato ligulata acuminata seu acuta seu obtuse acuta brunnea, toto margine viridula. Labellum maximum convolutum, antice exampliatum, trilobum, lobo medio profunde emarginato, toto limbo undulato et parce crenulato pulchre sanguineo atropurpureum. Columna clavata. Androclinii limbus integer minutissime serrulatus. Rostellum medio bidentatum. Reliquus foveae stigmaticae limbus integerrimus. Anthera subpentagona, antrorsum acuta, carina incrassata per dorsum. Pollinia ampliora, quam vulgo occurrunt, minus fissa. Caudicula trulliformis, triangulolinearis. Glandula ligulata angusta. — Odor hircinus.

b. olivacea Rchb. fil.: sepalis tepalisque olivaceis, labello atrosanguineopurpureo albido praetexto.

Vulcano de Chiriqui auf Quercus und Cupania glabra. Januar. b. ebenda. Ich kenne sie nur nach dem Bilde v. Warscewicz's.

19. **Trichopilia crispa** Lindl. Gardn. Chron. 1857. 342. c. recedit a praecedenti flore ampliori, sepalis tepalisque toto margine crispato-crenatis, labello multo magis crenulato.

Trichopilia crispa Lindl. Rchb. fil. Xenia II. 102.

Pseudobulbis latioribus et pruina quadam supra eosdem a praecedenti recedit. Labellum cerasino atropurpureum amplum. Columna et ovarium pallide viridula. Bracteae breviores visae. Nisi fallor eadem in hortis dicta Trichopilia gloxiniaeflora Klotzsch.

Ex America centrali (Spontaneam non habeo!)

Odontoglossum H. B. Kth.
Nov. Gen. & Sp. I. 351!
+ Leucoglossum Lindl.

20. **Odontoglossum stellatum** Lindl. B. Reg. 1841. Misc. 25!
Odontoglossum erosum A. Rich. Gal. Ann. Sc. nat. 1845!
Odontoglossum erosum Rchb. fil. Wswz. Bonplandia II. 99!
Odontoglossum stellatum Lindl. Walp. Ann. VI. 832! Lindl. Folia I. Odontoglossum No. 18!
Central-Amerika.

21. **Odontoglossum Bictoniense** Lindl. B. Reg. 1840, t. 66!
Sert. Orch. sub t. 25! Lindl. Folia I. Odontoglossum No. 28! Walp. Ann. VI. 835!
Van Houtte Fl. des Serres XV. 3!
Cyrtochilum Bictoniense Bat. Orch. Mex. Guat. t. 6!
Zygopetalum africanum Hook. B. Mag. 3812.
Guatemala.

22. **Odontoglossum cariniferum** Rchb. fil. in v. Mohl & v. Schldl.
B. Zeitg. 1852, 638: fractiflexo paniculatum, sepalis ligulatis acutis extus carinatis,
labello a basi ligulato antice cordato retuso cum apiculo, lamellis rhombeis serratis per unguem papulis ligulatis geminis antepositis.
Odontoglossum cariniferum Rchb. fil. Lindl. Folia I. Odontoglossum No. 15!
Walp. Ann. VI. 830! Bat. Odont. X!
Odontoglossum hastilabium var. fuscatum Hook. B. M. 4919!
Pseudobulbi oblongi sulcati diphylli. Folia cuneato ligulata acuta. Panicula
maxima. Sepala cinnamomea flavo nunc limbosa. Tepala subaequalia. Labellum
albidum seu roseum. Columna vertice rosea. Sepala ligulata acuta extus carinata,
lateralia curvula. Tepala spatulata acuta. Labellum ab ungue lineari cordato
transversum antice emarginatum cum apiculo, lamellae rhombeae serrulatae in
basi antepositae. Columna gracilis. Auriculae obsoletae. Buccae emarginatae in basi.
Vulcan von Chiriqui 9000'. Blüht im November bei + 4—6° R.

++ Xanthoglossum Lindl.

23. **Odontoglossum grande** Lindl. B. Reg. 1840. Misc. 94!
Bat. Orch. Mex. Guat. 21! Morren Ann. Gand. I. tab. 37! Hook B. Mag. 3955!
Van Houtte Fl. des Serres I. 21! Paxt. Mag. VIII. 49! Walp. Ann. VI. 828!
Guatemala.

+++ Imbricantia Lindl.

24. **Odontoglossum Warscewiczii** Rchb. fil. in v. Mohl &
v. Schldl. B. Zeitg. 1852. 692! affine Odontoglosso Phalaenopsidi Lind. Rchb.
fil. racemis plurifloris, labelli pandurati emarginati annulo erecto in basi, antice
medio tumido antrorsum in lineam elevatam velutinam bicrurem exeunte.
Odontoglossum Warscewiczii Rchb. fil. Lindl. Folia I. Odontoglossum 21*.
Rchb. fil. Xenia I. 208 tab. 81! Walp. Ann. VI. 844!
Pseudobulbus oblongus anceps foliis lineariligulatis acutis fultus apice
monophyllus. Pedunculus bi- — pluriflorus. Flos patulus magnus. Sepalum
summum oblongum cuneatum obtuse acutum. Sepala lateralia externa oblonga
acuta angustiora. Tepala oblonga acuta cuneata. Labellum a basi latissime cuneata
statim dilatatum pandurato quadrilobum, lobi laterales obtusati, minores, vix
producti; isthmus parvus; lobi antici a basi flabellata obtuse rhombei, antice sinu

lato exsecti. Columna humilis. Fovea infrastigmatica magna, oblonga, denticulo in limbo inferiori. Alae angustissimae subnullae foveam marginantes. Perigonium candidum, striolis purpureis in basi. Callus in basi labelli cum regione circumjecta aureus limbo purpureo.

Auf Leguminosen in den Cordilleren von Veraguas und Costa Rica 5—9000′.

25. Odontoglossum Oerstedii Rchb. fil. Bonplandia III. 214! Xenia Orchidacea. I. 189. tab. 68. I. 1—3! Walp. Ann. III. 845! Cf. infra Orchid. Oersted.

Central-Amerika (Ein Bild).

++++ Trymenium Lindl.

26. Odontoglossum chiriquense Rchb. fil. in v. Mohl & v. Schldl. B. Zeitg. 1852. 692! affine Odontoglosso brevifolio Lindl. labelli laciniis posticis dilatatis triangulis, callo erecto, transverso subquadrato lobuloso in basi, utrinque corniculo extrorso egredienti, lamellis corniformibus quaternis utrinque ab illo callo in lacinias laterales.

Odontoglossum chiriquense Rchb. fil. Lindl. Folia I. Odontoglossum No. 62! Walp. Ann. VI. 847!

„Pseudobulbi ovales. Folia gemina magna viridia. Flos aureus et brunneus." Flores tantum obtinui illis Oncidii crispi Lodd. majusculi subaequales. Ovarium pedicellatum prope tres pollices longum. Sepala cuneato ovata obtusa acuta minuta acutodenticulata lateralia minute cuneata nunc subhastata. Tepala sublatiora breviter ac late unguiculata, hastato subtriloba seu integra, lobis nunc ante unguem utrinque egredientibus, subretusa, toto limbo minute denticulata. Labellum sessile trifidum, ante basim ascendentem refractum, deflexum, laciniae laterales semiovato triangulae, lacinia media cuneata spatulata obtusa. Callus in medio disco postico inter lacinias laterales erectus tabulaeformis vertice lobulatus infra utrinque lobulo egrediente; lamellae corniformes quaternae imbricantes, extrorsae utrinque in lacinias laterales. Columna erecta, androclinii cucullo erecto supra antheram utrinque juxta foveam lobulo quadrato porrecto denticulato descendente. Fovea ovata, medio inferne in processum triangulum cavum excedens. Lamella in basi labelli basin columnaeque pedem connectens.

Cordilleren von Chiriqui auf Bäumen. October. 8000′. (Verfaulte stets sogleich, sobald es in die wärmeren Gegenden kam).

Obs. Affine Odontoglossum brevifolium Lindl.! nuper iterum obtinui a Krause lectum, dum antice tantum a Hartwegio possederam. Valde affine et optime diversum. Flos bene minor. Labellum subaequale. Callus autem gyrosus eodem loco, quo in Odontoglosso chiriquensi tabula ista residet, antice in callum spatulatum, postice in carinam labello adnatam excedens, utrinque lamella una in laciniam lateralem progrediens. Columnae cucullus bilobus, lobis lateralibus obtus-angulis.

27. **Odontoglossum pulchellum** Bat. in Lindl. B. Reg. 1841.
t. 48! Hook B. Mag. 4104! Rchb. fil. in Walp. Ann. VI. 848!
Guatemala, Costa Rica, Chiriqui.

++++ Aspasia Rchb. fil.

28. **Odontoglossum Aspasia** Rchb. fil. in Walp. Ann. VI. 851!
Aspasia epidendroides Lindl. Gen. & Sp. Orch. 139! Hook. B. Mag. 3962!
Aspasia fragrans Klotzsch. Ind. sem. Hort. Berol. 1853. 12!
Costa Rica, Veraguas, Chiriqui (vulgatissimum Novembri 2000') Guatemala.

29. **Odontoglossum Principissa** Rchb. fil. Walp. Ann. VI. 852!
Odontoglosso Aspasiae affine, maximum, labello obtuse quadrato apice trilobulo,
sepalis lateralibus aequilongo, columna arcuata gracillima.
Aspasia Principissa Rchb. fil. in v. Mobl & v. Schldl. B. Zeitg. 1852, 637!
Habitus et organa vegetativa Odontoglossi Aspasiae Rchb. fil. Sepala et tepala
carneo brunnea. Labellum flavum striis radiantibus brunneis. Umbo in columnae
basi magnus. Carinae labelli geminae in basi valde elevatae.
Veraguas. Majo. Junio. Rarissimum.

Oncidium Sw.

Act. Holm. 239!
+ Equitantia Lindl.

30. **Oncidium pusillum** Rchb. fil. Walp. Ann. VI. 714! Epi-
dendrum pusillum L. Sp. Pl. 1352! Oncidium iridifolium Hb. B. Kth.! Nov.
Gen. & Sp. Pl. I. 344! Lindl. G. & Sp. Orch. 202! Lindl. Folia I. No. 26!
Cymbidium pusillum Sw. Nov. Act. Ups. VI. 74.
Chiriqui auf Anonen.

++ Miltoniastrum Rchb. fil.
(Sarcoptera Lindl.)

31. **Oncidium pachyphyllum** Hook. B. Mag. t. 3807! Rchb. fil.
Walp. Ann. VI. 784!
Guatemala.

+++ Basilata Lindl.

32. **Oncidium ochmatochilum** Rchb. fil. in v. Mobl & v. Schldl.
B. Zeitg. 1852, 698! aff. Oncidio cardiochilo Lindl. sepalis cuneato oblongis
acutis, lateralibus basi connatis, tepalis subaequalibus, labello pandurato lobo antico
cordato, callo multipapuloso in basi, tabula infrastigmatica sub fovea utrinque
implicata.
Oncidium ochmatochilum Rchb. fil. in Lindl. Folia 1. Oncidium No. 193!
Rchb. fil. in Walp. Ann. VI. 813!

Panicula usque quinque pedes alta, valde ramosa, flexuosa, myriantha. Flores illis Oncidii phymatochili subaequales. Sepalum summum cuneato lanceolatum acuminatum. Sepala lateralia bene longiora, stricta, basi cuneata. Tepala lato oblongoligulata acuta. Labellum bene panduratum. Lobi postici semiovatuli in isthmum sensim transeuntes lobo antico cordato mutico seu apiculato. Calli in basi undecim congesti papulosi. Columna prope aptera seu membrana angustissima juxta foveam descendente. Tabula infrastigmatica in callos reclinata, sub fovea utrinque constricta. Perigonium olivaceum apicibus flavis. Labelli pars postica brunnea „et violacea, ceterum alba."

Oncidium cardiochilum Lindl.! simillimum, forsan varietas sepalis lateralibus liberis.

Chiriqui Cordilleren, 8000' hoch an sumpfigen Lehnen. December.

33. Oncidium cheirophorum Rchb. fil. in v. Mohl & v. Schldl. B. Zeitg. 1852. 695. 937! affine Oncidio diaphano Rchb. fil. ac Oncidio echinato H. B. Kth. tabula infrastigmatica bamata integra.

Oncidium cheirophorum Rchb. fil. Lindl. Folia I. Oncidium No. 124! Rchb. fil. Xenia I. Tab. 69. I. 1—5. Pag. 191! Walp. Ann. VI. 776!

Planta parvula. Pseudobulbi ovati ancipites. Folia linearia acuta. Panicula tenuis brachyclada oligantha in planta spontanea, amplior in planta culta. Flores e minoribus, membranacei. Sepala ac tepala libera. Sepalum supremum cuneato oblongum galeatum supra columnam. Sepala lateralia cuneato ovata. Tepala subaequalia. Labellum trifidum basi utrinque humeratum humeris papulosis; segmenta lateralia semireniformia retrorsa obtusa, segmentum medium ovatum obtuse acutum seu bilobum cum denticulo interjecto. Callus depressus subvelutinus apice emarginatus utrinque antrorsum obtuse bidentatus in basi. Columnae humilis alae semiovatae productae basi angustatae antice nunc serrulatae; tabula infrastigmatica in processum odontoideum semifalcatum producta. Rostellum longe rostratum. Anthera etiam longe rostrata. Pollinia sphaerica postice perforata. Caudicula ab apice triangulo lineari subulato attenuata. Flores vitellini, sepala viridula. Sepala lateralia deflexa uti labelli lobi laterales; lobi labelli medii limbo revoluti.

Chiriqui Vulcan, 8000' auf Eichen bei + 4 — + 6° R.

34. Oncidium ornithorrhynchum H. B. Kth.! N. G. & Sp. I. 345! t. 80! Lindl. G. & Sp. 204! L. Folia I. Oncidium No. 189! Bat. Orch. Mex. Guat. 4! Hook. B. Mag. 3912! Lindl. B. Reg. 1840. t. 10! Walp. Ann. VI. 811! Veraguas. Chiriqui Vulcan.

++++ Plurituberculata Lindl.

35. Oncidium polycladium Rchb. fil. in Lindl. Folia I. Oncidium No. 161!: panicula homoeantha elongata maxima, ramulis fractiflexis paucifloris, bracteis spathaceis, ovaria pedicellata subaequantibus, sepalis tepalisque unguiculatis, oblongis acutis, labelli laciniis posticis triangulis in isthmum angustatis, lacinia antica reniformi biloba, callo rostriformi trifido adjectis denticulis geminis antice, geminis postice, columnae auriculis triangulis.

Oncidium polycladium Rchb. fil. Walp. Ann. VI. 799!

Folia lanceolato ligulata acuta. Panicula pluripedalis basi valida multivaginata. Ramuli in paniculis magnis 33, apice pars racemosa flaccida. Sepala et tepala flava fasciis castaneis. Labellum flavum, lineolis quibusdam castaneis in basi et isthmi parte castanea. Flores illis Oncidii suavis Lindl. aequimagni.

Costa Rica. Veraguas. Chiriqui.

36. **Oncidium nebulosum** Lindl. B. Reg. 1841. Misc. 175! Lindl. Folia I. Oncidium No. 170! Walp. Ann. VI. 802!

Oncidium Klotzschianum Rchb. fil. in v. Mohl & v. Schldl. B. Ztg. 1852. p. 695! Chiriqui Cordilleren 4—5000'.

37. **Oncidium confusum** Rchb. fil. Xenia I, p. 234!: affine Oncidio cerebrifero Rchb. fil. et Oncidio Ephippio Rchb. fil. labello postice quadrato auriculis valde obtusatis, portione antica reniformi multo latiori, callo medio semilunari, antice medio longe rostrato, utrinque appositis callis ternis mediis ligulatis retusis, posticis anticisque acutis; columna longiori, alis flabellato rotundis lobosis; tabula infrastigmatica apice angulata.

„Oncidium cerebriferum Rchb. fil." Lindl. Folia I. Oncidium 179.

Pedunculus prope quinquepedalis. Vaginae insertionis linea atrata conspicuae. Rami in apice divergentes seu divaricati pauciflori. Vaginae stipantes semipollicares. Bracteae triangulae tres lineas longae. Flores illis Oncidii Baueri Lindl. aequales. Sepala et tepala lanceolata acuta (viridiflava?). Labellum videtur aureum disco postice rubro.

Chiriqui 3—6000'. October.

38. **Oncidium cerebriferum** Rchb. fil. in v. Mohl & v. Schldl. B. Zeitg. 1852. 696! nec Lindl. Folia I. Oncidium 179: affine Oncidio fascifero Rchb. fil. labello postice quadrato auriculis brevibus retrorsis, antice reniformi auriculis retrorsis, callis acervatis postice quaternis rotundis, dein ternis rotundis, antice duobus curvatis forcipatis, columna abreviata, buccis a basi in medium amplis ibi abruptis, alis semiovatis lobatis.

Oncidium cerebriferum Rchb. fil. Xenia I, tab. 233. tab. 98. 2!

Sepala lanceolata acuta. Tepala aequiformia, sublatiora. Flos siccus valde atrofuscus.

Chiriqui 3—6000'. October.

39. **Oncidium ansiferum** Rchb. fil. v. Mohl & v. Schldl. B. Zeitg. 1852. 696!: affine Oncidio suavi Lindl. callo labelli bene rostrato, labelli auriculis attenuatis, bene retrorsis, tabulae infrastigmaticae buccis medio abruptis, dein attenuatis.

Oncidium ansiferum Rchb. fil. Hamb. G. Zeit. 1857, 315! Lindl. Folia I,
Oncidium No. 162! Rchb. fil. Xenia I, p. 232. Tab. 98. I., II. 1!
Oncidium ensatum. Hort. Berol.
Oncidium hieroglyphicum. Hort. Berol. e. p.

Dense radicans. Pseudobulbus oblongus flavidus, compressus, anceps, mar-
ginatus, basi vaginatus, basi bifoliatus; apice diphyllus. Folia oblonga acuta, vix quadripollicaria, sesquipollicem lata. Pedunculus erectus vel pendulus, superne ramosus.
Rami arrecti fractiflexi. Bracteae squamaeformes parvae. Sepala et tepala oblongo
lanceolata, acuta, undulata, intus apice excepto olivaceo atrata, ceterum flava.
Labellum panduratum, auriculae ligulato spatulatae retrorsae, isthmus primum semiovatus, dein constrictus, pars antica transversa, subreniformis, antice emarginata.
Callus tumidus velutinus; portio postica lobulata, antice divergenti tetradactyla,
rostro antice interposito, denticulis geminis utrinque. Labelli color flavidus, isthmo
ac regione calli castaneo cincta, area interna triangula dentata, punctis castaneis
supra callum. Columna brevis. Foveae limbus superne sub rostello tridentatus,
ceterum ovalis, tabulae crassae buccae prominulae, supra basin abruptae. Alae
semiovatae, extrorsum lobulatae, atroviolaceo maculatae. Fovea ipsa viridis.

Chiriqui 8000'.

+++++ Bracteata Rchb. fil.

40. Oncidium bracteatum Rchb. fil. Wswz. in v. Mohl & v. Schldl.
B. Zeitg. 1852 p. 695!: plurituberculatum, rhachi asperula bracteis spathaceis ovaria
pedicellata subaequantibus, pentasepalum, laciniis posticis semiovatis, isthmo lato,
lacinia antica reniformi, callo ligulato antice tridentato in basi, columnae alis
angustis, tabula utrinque quadrato prominula.

Oncidium bracteatum Rchb. fil. Wswz. Lindl. Folia I. Oncidium 139! Walp.
Ann. VI, 786!

Folium ligulatum acuminatum. Pedunculus bipedalis asperulus apice in
spathas nonnullas convolutas, more Pholidotarum exiens. Spathae scariosae ligulatae
acuminatae ramulos obliganthos aequantes. Bracteae ligulato acuminatae scariosae
ovaria pedicellata non aequantes. Sepalum dorsale ligulatum apiculatum atropurpureum albo praetextum. Sepala lateralia subaequalia curvula. Tepala latiora
undulata. Labelli laciniae posticae ~cuneato semiovatae, isthmus a basi latiori
angustatus, pars antica reniformis, emarginata. Callus in basi ligulatus antice tridentatus. Color albus fuisse videtur disco atropurpureo per isthmum. Margines
postici velutini. Columnae alae subquadratae.

Chiriqui Cordilleren auf Bäumen 6—8—9000'.

41. Oncidium Warscewiczii Rchb. fil. in v. Mohl & v. Schldl.
B. Zeitg. 1852 p. 693!: rhachi laevi, bracteis spathaceis ovaria pedicellata aequantibus, labello basi utrinque auriculato, isthmo elongato, antice reniformi bilobo,

3*

carinis ternis in basi, lamellula triangula supina utrinque addita, columnae alis lobulatis erosulis.

Oncidium Warscewiczii Rchb. fil. Lindl. Folia I, Oncidium No. 56! Rchb. fil. in Walp. Ann. 727!

Folia cuneato ligulata acuta. Pedunculus crassus, sub inflorescentia racemosa vaginis scariosis acuminatis quinque subimbricantibus. Bracteae scariosae acutae stramineae amplissimae ovaria pedicellata aequantes Coelogynum quarundam. Flores aurei limbo isthmi callorumque apicibus purpureis. Sepalum summum cuneato oblongum acutum. Sepala lateralia connata bidentata subaequalia. Tepala paulo latiora acuta. Labellum a basi latissima cuneato auriculatum, auriculis obtusangulis, isthmo utrinque obtusangulo incrassato portione antica reniformi biloba. Carinae in basi tres contiguae appositis lamellis obtusangulis supinis extrorsis. Columna sat longa tabula infrastigmatica vix prominula. Alae juxta foveam erosulo lobulatae. Pseudobulbus ovatus anceps a foliis duobus evolutis stipatus.

Veraguas: Chiriqui Vulcan. — Costa Rica: Carthago Vulcan. Auf Eichen. 8—10000'. Verträgt nur + 4° R.

+++++++ Brassia R. Br. Rchb. fil.

42. Oncidium (Brassia) Helenae Rchb. fil. Walp. Ann. VI. 771!: affine Oncidio spathaceo Rchb. fil. bracteis triangulis acutis ovaria pedicellata non aequantibus, labello oblongo acuminato medio velutino, lamellis distinctis apice retrorsum falcatis puberulis.

Brassia Warscewiczii Rchb. fil. v. Mohl & Schldl. B. Ztg. 1852, p. 693.

Pedunculus multiflorus usque quindecimflores. Flores parvuli inversi secundi. Bracteae triangulae concavae acutae ovaria pedicellata non aequantes. Sepalum summum lanceolato acuminatum, basi dilatatum. Sepala lateralia subaequalia, longiora. Tepala triangulo lanceolata, a lata basi acuminata breviora. Labellum oblongum acuminatum, basi cuneatum, per totum discum valde velutinum. Lamellae baseos distinctae basi rotundato elevatae apice retrorse falcatae papillis puberulis. Columna humilis labellum versus oblique decurrens.

Punt Helena. Tipi Happa. 1000—2000'. April.

43. Oncidium (Brassia) Gireoudianum Rchb. f. Walp. Ann. VI. 768!: aff. Oncidio Brassiae Rchb. fil. sepalis labello ter-quater longioribus, labello a basi latoligulata utrinque obtusangula subito dilatato, hac parte triangula anteriori basi utrinque rotundata, lamellis quintae labelli aequilongis carinaeformibus velutinis, basi obtusangulis, tum humilioribus, dein acutangulis, demum semiovatis.

Brassia Gireoudiana Rchb. fil. Wswz. in Berl. Allgem. Gtz. 1854, p. 273!

Xenia Orchidacea I. p. 79, t. 32!

Pseudobulbus prope spithamaeus, oblongo anceps, articulus superior Brassiarum more nunc manifeste evolutus. Folia a cuneata basi oblonga obtuse acuta.

Pedunculus usque bipedalis et tredecimflorus. Flores infimi ab apice supremi sepali ad apices sepalorum lateralium septem-usque octo pollicares. Sepala linearia longe caudata, lateralia dorsali longiora flavoviridia, demum flava fasciis paucis nunc interruptis purpureo atroviolaceis in basi. Tepala dimidio sepalo dorsali aequalia linearia acuminata dimidio inferiori purpureo atroviolacea. Labellum a basi oblonga subito cordato oblongove dilatatum acutiusculum ejusdem coloris, maculis quibusdam violaceo atropurpureis. Carinae basilares bipartitae laminae posticae basilares a basi altiori descendentes, hinc obtuse triangulae, intus aurantiaco velutinae. Columna basin versus proclivis.

Gireoudio, nunc inspectori hortorum Saganensium de nobis utroque meritissimo, summo inter hortulanos artifici, grato animo dicatum.

Costa Rica.

---

44. **Acineta sella turcica** Rchb. fil. in v. Mohl & v. Schldl. B. Zeitg. 1852, 705!: aff. Acinetae Barkeri Lindl.: sella turcica antice carinata tridentata, postice forcipato didactyla, papula supposita lineari apice lobulata, labello infra bene impresso.

Acineta sella turcica Rchb. fil. Xenia I, p. 195, tab. 90. IV. 16—20.!
Rchb. fil. in Walp. Ann. VI. 609!

Pedunculus multiflorus omnino Acinetae erythroxanthae Rchb. fil. „Perigonium aureum guttulis brunneis, limbo lobi medii albo. Columna alba." Labelli hypochilium ascendens, epichilii lobus medius ligulatus antice obtuse triangulus; lobi laterales reniformes. Ansae transgredientes utrinque sub cornubus sellae postice angulatis. Columna apice obtuse alata.

Chiriqui & Costa Rica. 6—8000'. Juli.

45. **Acineta densa** Lindl. Paxt. Fl. G. I. p. 91. No. 137. Fig. 63!: aff. Acinetae chrysanthae Lindl. hypochilio valde abbreviato, sella turcica antice tridentata, postice tridentata seu quadridentata brachiis sigmoideis in lacinias labelli laterales terminales, callo papuliformi postice sub sella turcica, callo in basi epichilii.

Acineta densa Lindl. Walp. Ann. III. 546! VI. 610!
Acineta Warscewiczii Klotzsch. Allg. Gtz. 1852. 145!

Pedunculus pluriflorus, pendulus. Flores magni citrini maculis purpureis. Columna antrorsum proclivis, utrinque iuxta foveam obtusangula.

Turialba Costaricae (non habeo sponteneam, sed c. Warscewiczianam mittente dom. Matthieu, typicam synonymi Klotzschiani).

Icones.

Tab. 3. **Acineta densa** Lindl. Pedunculus floridus. 1. Labellum transsectum. 2. Idem superne auctum. 3. Columna antice, aucta.

46. **Gongora armeniaca** Rchb. fil. in Xenia Orch. I, p. 52!: epichilio ligulato acuto plano porrecto, tepalis subbasilaribus arcuatis aristulatis profunde insertis, hypochilii lobis humilioribus apice et basi angulatis; cristula transversa humillima inter utrumque ante unguem.

Acropera armeniaca Lindl. Paxt. Fl. G. I, 94 Xyl. 66! Hook. Bot. Mag. 5501! Walp. Ann. III. 550!

Acropera cornuta Klotzsch. Allg. Gtz. 1852. 186!

Gongora armeniaca Walp. Ann. VI. 593!

Flores armeniaci.

Nicaragua. (Non habeo spont., sed sicc. c.).

47. **Mormodes Colossus** Rchb. fil. in v. Mohl & v. Schldl. B. Ztg. 1852. 636: pedunculo pedali, rarifloro, floribus maximis, sepalis tepalisque oblongo-lanceolatis, acuminatis, acuminibus apice flexis, labello brevissime unguiculato dein rhombeo angulis lateralibus obtusatis, angulo antico longe producto, acuminato, columna abbreviata cuspidata.

Mormodes macranthum Lindl. Paxt. Fl. G. III. sub 93!

Mormodes Colossus Rchb. fil. Walp. Ann. VI. 581!

Gigas species. Caulis 8″ altus. Flores illis Cycnochis chlorochili aequimagni. Perigonium rufofuscum. Pedunculus ex icone et specimine atropurpureus. Columna oblique versa. Labelli limbi deflexi, lamina antice perpendicularis.

Costa Rica 9000′ in regionibus ubi Solanum tuberosum colunt.

48. **Mormodes Hookeri** Lem. Jard. Fl. Misc. T. 116. Majo 1851: aff. Mormodi buccinatori, labello ab ungue brevi lato obcordato lateribus replicatis, barbato velutino.

Mormodes atropurpurea Hook. B. Mag. 4577!

Mormodes barbatum Lindl. Paxt. Fl. G. II. p. 56, gleaning 320. (Junio 1851).

Pseudobulbi oblongofusiformes squamis pallidis fusco marginatis. Folia longe cuneata oblongolanceolata acuminata. Pedunculus pluriflorus. Sepala et tepala oblongolanceolata acuminata. Columna bene torta acuminata. — Flores atropurpurei.

Chiriqui Vulcan: in Schluchten 4000′. October, November. Auf den Cordilleren in Veraguas 3—4000′. October November. Auf Ficus und Erythrina.

49. **Mormodes igneum** Lindl. in Paxt. Fl. G. III. 93!: labello unguiculato carnoso apiculato lateribus revolutis ambitu transverse elliptico vix angulato laevigato.

Mormodes igneum Lindl. Walp. Ann. VI. 579!

Plures teneo icones Warscewiczianas coloribus diversissimis. Res non bene liquet. Forsan omnes ad Mormodem buccinatorem Lindl. amandandae.

America centralis.

Obs. Pulchellam varietatem, sepalis tepalisque brunneis, labello kermesino lavato ex Colima Mexici introduxit dom. Kramer, horti Jenischiani hortulanus peritissimus.

50. **Catasetum Warscewiczii** Lindl. Paxt. Fl. G. I. 45 n. 74. c. Xyl. 29!: racemis pendulis, bracteis oblongis acutis ovaria pedicellata non aequantibus, sepalis ligulatis acuminatis, tepalis oblongis acutis, labelli saccati lobis lateralibus erectis nunc serratis, lobo medio bilobo fimbriato, columna mutica.

„Warscewiczia" Skinner Mss. l. c.

Catasetum Warscewiczii Lindl. Walp. Ann. III. 546! VI. 574!

„Perigonium flavo viride. Labellum flavidulum fimbriis viridibus. Columna basi atropurpurea. Pseudobulbi bipollicares ovoidei.

„3—400'. Panama. December. An Rhizophora. Riecht wie Rosenessenz."

51. **Catasetum Oerstedii** Rchb. fil. cf. infra plantas Oerstedianas.

Habeo racemum mixtis floribus hujus Cataseti ac Monachanthi. Labella hujus non adeo saccato galeata, uti vulgo sunt, sed dilatato saccata subretusa. Chiriqui 2000'.

52. **Cycnoches ventricosum** Bat. Orch. Mex. Guat. t. 5! Walp. Ann. VI. 560!

Chiriqui Cordilleren 1—3000'. October auf Bäumen.

53. **Cycnoches — sexus Cycnochis ventricosi Bat.?** — **Warscewiczii** Rchb. fil. in v. Mohl & v. Schldl. B. Zeitg. 1852. 754!: sepalis oblongis, erectis, lateralibus curvatis, labello abbreviato, late unguiculato, dein oblongo acuto, carnosissimo, margine membranaceo, callo baseos crassissimo antice rotundato, Zygopetali (Bolleae) violaceae more intruso, columna brevi semitereti crassa, n curva, pone foveam auriculato alata, androclinio postice bilobo, lobis lateralibus rotundato triangulis, dente interjecto.

Chiriqui.

54. **Cycnoches aureum** Lindl. Paxt. Fl. G. III. Tab. 75!: racemo pendulo, sepalis cuneato oblongis acutis, tepalis latioribus, labelli ungue a basi angusta dilatato in laminam ovatam acutam, lamellis filiformibus compressis 8—9 ex limbo ac disco.

Cycnoches aureum. Lindl. Walp. Ann. VI. 561!

Pseudobulbus fusiformis duos tresve pollices altus. Folium a basi cuneato oblongum acuminatum. Pedunculus pendulus multiflorus; basi amplivaginatus. Flores illis Cycnochis maculati majores, aurei maculis purpureis. Columna gracillima arcuata alis geminis falcatis postice.

Chiriqui Vulcan. October. 6—8000'. (Habeo racemum sicc. spont. et racemum c. pulcherrimum ex horto Naueniano ab exc. Gireoud excultum.)

55. Cycnoches Dianae Rchb. fil. in v. Mohl & v. Schldl. B. Zeitg. 1852 p. 636!: aff. Cycnochi Egertoniano Bat. labello unguiculato disco ovato carnoso, apice lanceo, lamellis carnosis depressis acutis geminis in basi, ternis utrinque in limbo.

Cycnoches Dianae Rchb. fil. Walp. Ann. VI. 561!

Pseudobulbus fusiformis. Folia cuneato oblonga acuminata. Pedunculus pendulus multiflorus basi vaginatus. Bracteae ligulatae acutae demum deflexae. Sepala et tepala cuneato oblonga acuta, „kermesina brunneo punctulata. Labellum album." Columna „viridis" tenuissima, sicca subrecta, apice dilatata, corniculis falciformibus duobus postice in androclinio.

Chorch Berg. Chiriqui. October. 3—4000'.

56. Lacaena spectabilis Rchb. fil. Bonpl. II. 92! Walp. Ann. VI. 612!: affinis Lacaenae bicolori labello angustiori basi melius et anguste unguiculato, lobo medio anguste unguiculato pandurato acuto, callo inter lobos laterales cylindraceo conico basi antica foveolato minute velutino, perigonio lilacino.

Nauenia spectabilis Klotzsch. in Allg. Gtz. 1853, 192!

Habitus omnino Lacaenae bicoloris. Pseudobulbus fusiformis costatus bi-triphyllus. Folia oblonga acuminata basi cuneata. Racemus elongatus pluriflorus. Ovarium et sepala externe minute muriculata. Sepala oblonga obtuse acuta. Tepala oblonga, utrinque basin versus obtusangula, hinc cuneata. Labellum exactissime typum refert illius Lacaenae bicoloris Lindl. Basi est unguiculatum, dein trilobum lobis obtusangulis erectis, auricula utrinque minuta obtusa erecta ante unguem (quae in Lacaena bicolori reperitur); cornu supra descriptum a carina disci adscendens, lobus medius superne minute punctulato velutinus. Columna a lateribus paulo compressa. Androclinium bene marginatum.

America centralis (spont. non a cl. de Warscewicz teneo, sed cultam ab amic. Gireoud.)

57. Stanhopea ecornuta Lem. Houtt. Fl. des Serres 1846. 181!: Stanhopeastrum labello calceiformi obtuso antice gibberoso.

Stanhopea ecornuta Lem. Lindl. Paxt. Fl. Gard. Xyl. 20! Rchb. fil. in v. Mohl & v. Schldl. B. Ztg. X. 1852. 836! Rchb. fil. Xenia Orchidacea I. 124. Tab. 43! Hook. Bot. Mag. 4885.

Anguloa Coryanthes Klotzsch Herb. Berol. et Hort. Decker.!

Stanhopeastrum ecornutum Rchb. fil. in v. Mohl & v. Schldl. B. Zeitg. 1852. 927!

Pseudobulbus conicus turbinatus. Folium Stanhopearum. Pedunculus abbreviatus crassus vaginis paucis triangulis distichis punctulatis scariosulis vestitus biflorus. Bracteae ovaria cylindracea superantes. Sepala oblonga membranacea carnosula apice attenuato suberoso carnosa. Tepala minora obtuse rhombea cum columna altius connata. Labellum calceolare eboraceum postice inferne ventricosum; limbus incrassatus apice obtuse acutus, supra apicem trigibbus, gibberibus lateralibus bilobis; sella turcica in disco antice utrinque in vaginam labelli transcedens. Columna transversa semiteres crassa utroque latere crasso alato marginata; rostellum trilobum pendulum; anthera oblonga depressa antice late alata, marginata; pollinia cuneato ligulata ab externo margine fissa; caudicula lineari rhombea brevis; glandula triangula seu linearis transverse bicruris. Stigma sub rostello absconditum. Perigonium albo ochroleucum flaveolo irroratum striatumque. Labellum lapidis politi instar nitidissimum, antice candidum, postice aurantiacum, punctulis purpureis. Columna pallide straminea basi antice purpureo guttulata.

In Menge im Walde, eine Viertelstunde von S. Thomas de Guatemala.

58. **Stanhopea Calceolus** Rchb. fil. Xenia I. 117!: Stanhopeastrum labello pandurato calceolato acuminato (supra lineam mediam inferioris paginae lineato?), tepalis ligulatis acutis reflexis, columna crassa aptera. Sepala flava. Tepala et labellum aurea. Columna albida. Pedunculus biflorus.

Am. Centralis (Habeo iconem pictam a cl. de Warscewicz).

59. **Stanhopea cirrhata** Lindl. Jour. Hort. Soc. V. 37!: Stanhopea eburnea hypochilio semiovato antrorsum utrinque angulis carnosis prosilientibus instructo, (mesochilio nullo), epichilio ovato acuto supra basin foveato, tepalis ligulatis acutis reflexis, columna semitereti crassa apice utrinque alula lineari erecta praedita. Lindl. Paxton's Flower Garden I. 31. Xyl. 19! Rchb. Xenia I. 117! Pedunculus uniflorus vaginis distichis acutis vestitus. Bractea ovario longior. Sepala alba. Tepala et labellum aurea. Anguli labelli atroviolacei.

Nicaragua (Hab. anal. ab ill. Lindl. delin. et ic. a cl. Wswz. pictam).

60. **Stanhopea tricornis** Lindl. Jour. Hort. Soc. IV. 263!: Stanhopea genuina hypochilio depresso oblongo basi utrinque angulato cum mesochilio bicorni esulcato continuo, cornubus rectis abbreviatis, epichilio lineari oblongo concavo truncato, apice lobato, margine membranaceo, dorso valde gibberoso, superne dente brevi recto aucto, tepalis carnosis rhombeis; columnae alis semiovatis in dimidio superiori, alulis obtusangulis.

Stanhopea tricornis Lindl. Paxt. Flower Garden 1. p. 31. Xyl. 24! Rchb. fil. Xenia I. 117!

Ex nob. de Warscewicz tepala rosea, reliquus flos albus. Pedunculus triflorus vaginis valde abbreviatis ochreatis vestitus. Bracteae oblongae apiculatae, ovariis dimidio breviores. Flores illis Stanhopeae oculatae majores.

In West-Peru, angegeben von Lindley, allein vielleicht irrthümlich, da ich mich zu entsinnen glaube, dass Herr von Warscewicz sie mit voriger Art sammelte.

61. **Stanhopea Warscewicziana** Klotzsch. Allg. Gtz. 1852. 214: affinis Stanhopeae insigni Frost: hypochilio sessili subsemigloboso, a basi apicem usque bicarinato carinis triangulum latissimum efficientibus, angulis capitis obtusis; canali antice angusto, postice ampliato pectore subarguto, cornubus lato semitere-tibus; epichilio rhombeo, acuminato; tepalis ligulatis; columnae alis usque ultra mediam columnam, sub alulis constrictis, alulis falcatis.

Stanhopea Warscewicziana Klotzsch. Rchb. fil. Xenia I. 119! II. 85. Tab. 125!

Lindl. Folia I. Stanhopea No. 10! Walp. Ann. VI. 525!

Pseudobulbi ovato pyriformes. Folia affinium specierum. Spica pauciflora, vulgo biflora. Bracteae oblongae, acutae, ovaria sua dimidia non aequantes. Sepalum dorsale oblongoligulatum acutum. Sepala lateralia dimidiato ovata obtuse acuta. Tepala ligulata obtuse acuta hinc subundulata. Labellum supra descriptum. Sepala et tepala sulphurea immaculata. Labelli hypochilium vitellinum, antice utrinque medio obtusangulo praeruptum; cornua et epichilium ochroleuca, epichilium purpureo punctulatum. Alae columnae utroque externo margine punctulatae.

Chiriqui Vulcan. Ich erhielt keine wilden Exemplare, verdanke aber die Kenntniss der cultivirten Pflanze der Güte des Herrn Matthieu in Berlin.

62. **Stanhopea Wardii** Lodd. in Lindl. Sert. Orch. t. 20: Stanhopea genuina hypochilio a basi descendenti angulato seu prope recto, utrinque bicarinato, supra marginem utrinque angulato, pectore angustissimo, mesochilii canali angusto, carinis antice utrinque quaternis, cornubus compressis falcatis, epichilio ovato rhombeo acuto, tepalis ligulatis acutis, columnae alis latissimis tertiam infimam usque, statim in alulas transeuntibus.

Stanhopea Wardii Lodd. Knw. Westk. Floral Cab. II. 90! Rchb. fil. Orch. Europ. Tab. III. 113! Endl. Parad. Vind. fasc. 5. Lindl. Folia Stanhopea No. 6! Rchb. fil. Xenia I. p. 122! Rchb. fil. Walp. Ann. VI. 589!

Stanhopea aurea G. Lodd. in B. Reg. 1841. Misc. 31!

Stanhopea amoena Klotzsch Allg. Berl. Gtz. 1852. 28. Aug.!

Stanhopea inodora B. amoena Lindl. Folia 1. Stanhopea No. 2 B!

Stanhopea graveolens Lem. Fl. des Serres VIII. 1846. 11!

Flores vulgo vitellini, imo sulphureo ochroleuci tepalis purpureo punctulatis, nunc etiam sepalis; labello praesertim basi vitellino, apice pallidiore, fundo foveae hypochiliaris intus atropurpureo fasciato, oculo utrinque extus inter carinas; punctulis crebris. Columna alboviridis atropurpureo punctulata.

Chiriqui.

63. **Zygopetalum cerinum** Rchb. fil. Walp. Ann. VI. 651: labelli ungue elongato, lobis lateralibus obsoletis, linea interjecta lamellosa.

Huntleya cerina Lindl. in Paxt. Flower Garden III. 62. Xyl. 263!

Pescatoria cerina Rchb. fil. in v. Mohl & v. Schldl. B. Zeitg. 1852. 667! Rchb. fil. Xenia Orchidacea I. 184. Tab. 65!

Habitus Warscewiczellarum. Folia cuneata oblonga acuta nunc alta, pedalia. Pedunculi solitarii seu aggregati in axillis vaginarum inferiorum; basi paucivaginati, apice unibracteati, validi. Bractea oblonga cucullata obtusiuscula. Perigonium carnosulum. Sepala cuneato oblonga obtuse acuta. Tepala subaequalia. Labellum unguiculatum (ungue cum columnae pede continuo), subito rotundatum, expansum; lobi laterales trianguli erecti serie lamellarum abruptarum inter utrumque lobum ante discum laevem cum carinula postice abrupta mediana, lobus medius magnus productus ovatus apice nunc emarginatus multisulcatus, sulcorum interstitiis convexis, papuloso rugosis. Columna clavata, basi ima antice subvelutina, pede utrinque obtusangulo, auriculato, carina interjecta. Perigonium primum lacteum, dein flavidulo cerinum. Labellum intense sulphureocitrinum maculis quibusdam atropurpureis. Columnae basis brunnea.

Chiriqui Vulcan. 8—10,000'. An Bäumen von Trichilia und Cupania. Blüht im Oktober und November.

64. **Zygopetalum aromaticum** Rchb. fil. in v. Mohl & v. Schldl. B. Zeitg. 1852 p. 668!: uniflorum columna pone foveam quadrato auriculata.

Zygopetalum aromaticum Rchb. fil. in Walp. Ann. VI. 654!

Habitus exacte Warscewiczeliarum. Folia cuneato oblonga acuta. Pedunculus abbreviatus erectus uniflorus. Bractea cucullata acuta. Sepala ac tepala lanceolata acuta, torto undulata. Labellum prope sessile, basi utrinque auriculatum auriculis obtusatis callo interposito magno antrorsum semilunato multisulcato in basi, transgrediente in labelli laminam a basi angusta subito obreniformen margine multilobulam crispulam, disco omnino laevi. Columna gracilior. Androclinium postice triangulo apiculatum, margines stigmatici producti subquadrati. Sepala ac tepala candida. Labellum azureum basi subpurpureum; limbo album. Columna alba striis purpureis.

Vulcan von Chiriqui auf Eichen. April, Mai. Sehr selten.

65. **Zygopetalum discolor.** Rchb. fil. Walp. Ann. VI. 655!: uniflorum ab omnibus recedit callo depresso angulato loboso (vulgo quadrilobo) multidentato, carina longitudinali percurrente.

Warrea discolor Lindl. Journ. Hort. Soc. IV. 265! Paxt. Fl. G. I. 73, No. 110, c. Xyl.! (mero labello) — Hook. Bot. Mag. 4830!

Warscewiczella discolor Rchb. fil. in v. Mohl & v. Schldl. B. Zeitg. 1852, p. 636!

(Warscewiczella discolor Rchb. fil. Lindl. in Annals ad Magazine of natural history. May 1858. „On some Orchidaceons plants collected in the East of Cuba", non est hoc, sed vetus Zygopetalum flabelliforme Rchb. fil.

Radices adventitiae crassae multae. Foliorum fasciculus ex quatuor vel pluribus foliis cuneato ligulatis bene acutis. Pedunculi axillares quadripollicares, supra basin vagina una apice obtusa acuta vaginati, vagina altera in ima basi. Bractea ampla cucullata ochreata apice oblique acutiuscula ovario pedicellato duplo brevior. Altera bractea inclusa minor floris fatui. Sepala ligulato linearia acuta, limbo saepius involuto, sepala lateralia deflexa; alboviridia. Tepala oblongoligulata obtuse acuta, violacea, linea media alba. Labellum brevissime unguiculatum, dein prope rhombeum, antice retusum emarginatum, utrinque obtusangulum, ante angulos constrictum; si mavis trilobum, lobis lateralibus obtusangulis, medianis, lobo medio subquadrato lobulato antice retuso bilobulo. Color basi aureus, ceterum labellum violaceum, seu in planta locis editis enata coeruleum tepalis aequicoloribus. Callus in basi depressus supra descriptus, limbos labelli conjungens. Columna trigona, supra basin plus minus constricta, apice androclinii proclivi triangulo cum dente rostellari supra stigma angustum dependente. Anthera depressa rhombea, apice excisa. Pollinia depresso pyriformia, bene fissa, igitur quaterna; sessilia in caudicula ligulata apice hastata, sessili in glandula rhombea, sursum apice marginata.

Carthago Vulcan auf Erythrina. Bei 3—4000' Seehöhe werden Lippe und Tepalen violett, bei einer Seehöhe von 9000' werden sie schön himmelblau und die ganze Blüthe länger gestreckt.

66. **Lycaste macrophylla** Lindl. B. Reg. XXIX, p. 14! Maxillaria macrophylla Pöpp. Endl. Nov. Gen. et Sp. I. 64! Bot. Reg. XXIV. 174! Lycaste plana Lindl. B. Reg. XXVIII, Misc. 96. XXIX. 1843, tab. 35! Lycaste macrophylla Lindl. Walp. Ann. VI. 602! (icone Lycastidis planae non citata).
Chiriqui Cordilleren Mai—July. Auf Trichilia.

67. **Lycaste tricolor** Klotzsch. Allg. Gtz. 1852. 85!: pedunculo gracili paucivaginato, mento modico, sepalis ligulatis acutis, tepalis oblongis acutis, labello cuneato flabellato trifido, laciniis lateralibus triangulo retusis, lacinia media spatulata retusa, subcrenulata, callo depresso, retuso ante unguem, columna antice nuda.
Maxillaria tricolor Klotzsch. l. c.
Lycaste tricolor Klotzsch. Walp. Ann. VI. 603!
Sepala brunnea. Tepala alba violaceo guttata. Labellum candidum lineolis transversis violaceis per lacinias laterales et discum. Columna gracilis. Caudicula bene linearis.
Chiriqui Vulkan 7—8000' hoch. An feuchten kalten Stellen auf Eichen (Obtinui ex hortis Guibert, Jenisch, Herrnhausen, Schiller).

Icones.

Tab. IV. **Lycaste tricolor** Klotzsch. III. IV. Pedunculi a latere visi. V. Flos antice. 7. Labellum explanatum. 8. Columna a latere visa. 9. Pollinarium bene auctum.

68. **Lycaste candida** Lindl. Paxt. Fl. G. II. p. 37. No. 297. Xyl. 151. 152! obiter et sub falso nomine Lycastidis leucanthae Klotzsch.: pedunculo gracili paucivaginato, bractea spathacea ovaria pedicellato breviore, sepalis tepalisque oblongis acutis, mento angusto, labello trifido, laciniis lateralibus apice libero triangulis, lobo antico ovato acuto seu emarginato, callo obscuro inter dentes laterales elevato tridentato, triangulo seu retuso, columna antice velutina.

Maxillaria & Lycaste biseriata & sordida Klotzsch in hortis.

Lycaste & Maxillaria brevispatha Klotzsch Allg. Gtz. 1851, p. 217!

Lycaste & Maxillaria Lawrenceana Hort. Angl.!

Pseudobulbus oblongus anceps costatus. Folia cuneato oblonga acuminata. Sepala viridula fusco maculata. Tepala et labellum alba purpureo maculata et lavata. Costa Rica.

Icones.

Tab. V. **Lycaste candida** Lindl. I. Planta. II. III. Flores. IV. Flos a latere. V. Idem antice. 1. 2. Labella explanata. 3. 4. Columna a latere. 5. Columna antice.

69. **Lycaste leucantha** Klotzsch. Allg. Gtz. 1850. 402: pedunculo valido vaginato, bractea acuta, ovarium pedicellatum aequante seu superante, mento obtusangulo, sepalis ligulatis acutis, tepalis oblongis acutis, labello cuneato oblongo trilobo, lobis lateralibus obtusangulis, lobo medio obtusangulo velutino, callo depresso semiovato in disco inter lobos laterales, columna antice velutina.

Lycaste leucantha Klotzsch. Walp. Ann. VI. 603!

Folium usque sesquipedale, a basi cuneata oblongum acuminatum plicatum. Pedunculum teneo sesquipedalem, vulgo brevior est. Sepala prasina. Labellum et tepala alba, callo labelli flavo. Costa Rica.

Icones.

Tab. IV. **Lycaste leucantha** Kltzsch. I. Pedunculus floridus a latere. II. Flos antice. 1. Labellum expansum. 2. Columna a latere aucta. 3. Apex columnae summus auctus. 4. Columna cum anthera antice aucta. 5. 6. Antherae auctae.

70. **Maxillaria (Xylobium) Stachyobiorum** Rchb. fil. in v. Mohl & v. Schldl. B. Zeitg. 1852. 673!: racemi pleianthi bracteis lineari setaceis ovaria pedicellata aequantibus, mento acutangulo, labello ligulato antice trilobo, lobis lateralibus obtusangulis, lobo medio ovato, carinis quinque parallelis per labellum.

Maxillaria Stachyobiorum Rchb. fil. Walp. Ann. VI. 509!

„Pseudobulbus ovatus". Folium pedale a petiolari parte oblongum acutum bene plicatum. Pedunculus basi vaginis scariosis obtuse acutis, racemo cernuo. Bracteae linearisetaceae ovaria pedicellata aequantes. Sepala ligulata acuta mento acutagula. Tepala subaequalia angustiora. Labellum lineari ligulatum apice trilobum; lobi laterales obtusanguli, lobus medius ovatus. Carinae quinae parallelae contiguae per idem. Columna postice acuta. Flos candidus, labellum tamen ochraceum, striae 2 ochraceae in sepalis lateralibus.

Chiriqui 6 – 8000'. December.

71. Maxillaria (Xylobium) brachypus Rchb. fil. in v. Mohl & v. Schldl. B. Zeitg. 1852. 731: aff. Maxillariae rebelli Rchb. fil. racemo paucifloro, bracteis spathaceis magnis, mento obtuso, labelli ungue in laminam ovatam apiculatam extenso, lineis geminis elevatis in ungue.

Maxillaria brachypus Rch. fil. in Walp. Ann. VI. 507!

Pseudobulbus pyriformis. Folium a basi petiolari obovatum acutum, pedale, quinque usque pollices latum, plicatum. Racemus capitatus pauciflorus. Bracteae ovatae acutae nervosae latae. Sepala ligulato triangula acuta. Tepala spatulata acuta. Labellum ab ungue lineari oblongum apiculatum carinis geminis per unguem, tumore anteposito in pede columnae.

San Juan de Nicaragua.

72. Maxillaria (Xylobium) elongata Lindl. Paxt. Fl. G. III. p. 69. Xyl. 264!: pseudobulbis cylindraceis di- — triphyllis, racemo erecto, denso, bracteis linearisetaceis ovaria pedicellata aequantibus, labello trilobo, lobis lateralibus semioblongis, lobo antico triangulo carnoso utrinque dense ruguloso.

Maxillaria elongata Lindl. Walp. Ann. VI. 509!
Maxillaria roseans A. Rich. in hort. paris.!

Folia cuneato ligulata acuta bene plicata. Etiam discus inter labelli lobos laterales papulosus. Flos albidus, labello sordido violaceo.

Chiriqui Cordilleren 7000'.

73. Maxillaria aciantha Rchb. fil. in v. Mohl & v. Schldl. B. Zeitg. 1852 p. 858!: aff. Maxillariae acuminatae Lindl. pedunculis rectis aggregatis dense et distiche imbricatim vaginatis, vaginis triangulis, carinatis, sepalo dorsali carinato, carina antice retuso praerupta, sepalis lateralibus etiam ligulato acutis, tepalis angustioribus, marginibus revolutis, labello sigmoideo ligulato, medio utrinque obtusangulo.

Maxillaria aciantha Rchb. fil. Walp. Ann. VI. 513!
Lycaste aciantha Rchb. fil. Bonpl. III. 216!

Rhizoma validum squamis multis rigidis imbricantibus tectum. Pseudobulbi seriati ligulati ancipites di- — tetraphylli. Folia lineariligulata apiçe obtuse inaequalique biloba. Flores quasi cornei, extus pallidiores, viridi aspersi, intus glutinosi. Labelli foveola ante apicem marginatum glutinosa. Discus viridulus. Carina labelli ante basin aurantiaca. **Limbus** flavus atroviolaceo guttatus. Columna clavata androclinii limbo denticulato, rostello minute bidentato. Pollinia quaterna inaequalia in caudicula linearia. Glandula lunata.

Costa Rica.

74. Maxillaria ringens Rchb. fil. in Walp. Ann. VI. 523!: pedunculo multivaginato, vaginis nervosissimis scariosis obscure punctulatis, infimis abbreviatis, superioribus longioribus, summis apicibus ampliatis, apice ipso acutis, bractea ampla oblonga acuta scariosa ovarium aequanti, mento parvo obtuso, sepalis ligulato acutis apice subito acuminato mucronatis, tepalis triangulo ligulatis acuminatis, paulo brevioribus, labello sepalis ter breviore oblongo, apice trifido, laciniis lateralibus antrorsis triangulis, lacinia media carnosa obtusangula rhombea limbo crenulata, superficie sulcata, hinc puberula abbreviata, callo ligulato sulcato antice acuto a basi ante basin laciniae anticae, anthera apiculata.

Affinis Maxillariae ochroleucae Lindl. Bene videtur recedere sepalis non acuminatis labellique lacinia antica valde abbreviata.

Guatemala.

75. Maxillaria atrata n. sp.: affinis Maxillariae cucullatae Lindl. ovario ex bractea porrecto, labello medio trilobo, lobis lateralibus semiovatis, lobo medio oblongo acuto rugosissime papuloso, callo ligulato antice rotundato concavo a basi in discum inter lobos laterales.

? Psittacoglossum atratum Lex. Nov. Veg. 29!

En videtur aenigma prope quadraginta annorum tandem solutum! Pedunculos teneo duos. Mentum parvum. Sepala oblonga ligulata acuta. Tepala spatulata acuminata. Color floris atratus.

Guatemala.

Icones.

Tab. VI. **Maxillaria atrata** Rchb. fil. I. Flos a latere. 1. Labellum explanatum. 2. Androclinium superne auctum. 3. Columna a latere visa.

Obs. Juvat edere speciem ineditam, sed jam diutissime notam, licet cum Maxillaria cucullata Lindl. commutatam ab ipso ill. b. W. J. Hooker, Bot. Mag. 3945! Recedit a vera Maxillaria cucullata Lindleyana glandula oblunata, nec antrorsum acuta, caudicula bene latiori, breviori, callo multo breviori inter lacinias labelli multo breviores, sepalis oblongoligulatis, nec oblongo triangulis, vaginis pedunculi multo arctioribus.

Maxillaria obscura Lind. & Rchb. fil. Mss. 1865: pedunculis paucivaginatis, acute vaginatis, vaginis apice acutis, bractea cucullata, apiculata, brevi, ampla, sepalis oblongoligulatis acutis, lateralibus deflexis, tepalis ligulatis acutis sepalo summo suppositis, labello trifido, laciniis posticis semiovatis antice acutangulis, callo ovato depresso interposito, disco laciniae oblongae anticae incrassato, columna brevi, anthera carinato galeata, caudicula lunata.

Flores obtinui ex horto Lindeniano Bruxellensi. Planta ex Columbia introducta fertur. Color floris atropurpureo brunneus.

Icones.

Tab. VI. **Maxillaria obscura** Lind. Rchb. fil. II. Flos cum pedunculo antice. III. Idem a latere. 4. Labellum expansum. 5. Idem a latere. 6. Columna antice cum anthera, aucta. 7. Eadem sine anthera, aucta. 8. Anthera a latere visa, bene aucta. 9. Pollinarium bene auctum.

Epidendreae.

Epidendrum (L.) R. Br.

Hort. Kew. V. 217. (ed. 5)!

A.   Epidendra pseudobulbosa.

+   Epicladium (Lindl.) Rchb. fil.

76. Epidendrum Hügelianum Rchb. fil. in Walp. Ann. VI. 312! Cattleya Skinneri Bat. Orch. Mex. Guat. t. 13! Lindl. B. Reg. XXX. 1844, sub 5!

Costa Rica & Veraguas 5—6000'. Januario.

77. Epidendrum campylostalix Rchb. fil. in v. Mohl & v. Schldl. B. Zeitg. 1852. 730!: Epicladium pseudobulbo monophyllo, inflorescentia subsecunda, labello trilobo, lobis lateralibus obtusangulis, lobo medio obtuso, retusiusculo trilobo, callo per basin labelli depresso antice in carinas ternas excurrente.

Epidendrum lineatum Klotzsch Mss. in herb. gen. reg. Berol. et in hortis Berolinensium!

Epidendrum glaucum Skinner in hortis Anglorum pertinacissime!

Tota planta glauca pruina suffusa. Pseudobulbi optime compressi ancipites, rotundi, basi vaginis fulti, monophylli. Folium cuneato oblongum acutum. Spatha inflorescentiae ovata acuta seu oblongolanceolata carinata, longior, brevior. Racemus pluriflorus, vagina fatua una seu vaginis duabus sub inflorescentia. Bracteae ligulatae acuminatae glaucae pedicellos florum superantes, nunc imo ovaria pedicellata aequantes. Ovarium tripterum alis nunc undulatis. Sepala ligulata extus glauca, intus glaucina atroviolaceo late pluristriata, seu omnino atroviolacea. Tepala spatulata bene angustiora, ejusdem coloris. Labellum albidum ab ungue ligulato cuneato dilatatum, trilobum, lobi laterales semiovati seu obtusangulo rhombei, lobus anticus aequilatus obtuse bilobus. Callus depressus supra unguem in laminae disco in tres lineas carinatas exiens. Columna trigona apice circa androclinium triloba, lobi laterales tumidi, lobus posticus medius depresso tabularis. Anthera atroviolacea. Columna albida, apicibus androclinii maculisque quibusdam atroviolaceis.

Plantam saepe in hortis observavi Hamburgensibus, Berolinensibus, Londinensibus. Dr. Pattison Londinensis (10 Cavendish Road, S. Johns Wood) mihi misit varietatem obscurius coloratam, columna latissime alata.

Nunquam contigit conspicere specimen adeo pulchrum, uti illud, quod ab amicissimo de Warscewicz lectum in herbario asservo, cujus folium pedale plusquam tres pollices latum et inflorescentia composita, seu panicula ramis lateralibus tribus.

Guatemala, Costa Rica, Veraguas, Chiriqui.

Obs. Planta peraffinis speciei, quam cl. Lindl. remotam putavit, cujus racemum tantum viderat, Epidendro hastato Lindl. Hook. Journ. III. 82! Hoc labellum ab ungue statim habet dilatatum in laminam trulliformem obtusangulam lobulatam. Callus depressus in carinas non contiguas, sed bene distantes et apicem labelli attingentes abit.

++ Encyclium Lindl.

78. **Epidendrum alatum** Bat. Orch. Mex. 18! Lindl. Folia I. Epidendrum No. 53! Epidendrum longipetalum Lind. Paxt. Fl. G. I. t. 39! Epidendrum calocheilum Hook. B. Mag. 3898! Epidendrum formosum Klotzs. Allg. Gtz. 1852. 201! — Lem. Jard. Fl. I. 81!

S. Juan de Nicaragua.

79. **Epidendrum atropurpureum** W.! Sp. pl. 115! Epidendrum macrochilum Hook. B. Mag. 3534! Bat. Orch. Mex. Guat. 17! Morren Ann. Gand. II. 365. Van Houtte Fl. des Serres 1848. 372! Lindl. Folia I: Epidendrum No. 79!

Costa Rica.

80. **Epidendrum chiriquense** Rchb. fil. in v. Mohl & v. Schldl. B. Z. 1852. 730!: aff. Epidendro varicoso Bateman foliis oblongis acutis, labelli callo baseos velutino tridentato, lamina media minute crenulata, papulis quinqueseriatis per discum, venis radiantibus.

Epidendrum chiriquense Rchb. fil. Xen. I, p. 164. Tab. 57. II!

Epidendrum varicosum Bat. Lindl. Folia I. Epidendrum No. 71, e. p!

Pseudobulbus. — Folia gemina oblonga acuta cuneata pergamenea internodio inter utrumque conspicuo. Pedunculus folia aequans seu superans, densiflorus. Bracteae cuspidatae, ovariis pedicellatis multo breviores. Sepala et tepala cuneato oblonga acuta, tepala tamen angustiora. Labellum trifidum basi cuneatum, laciniae laterales lineares obtusae divaricatae; lacinia media late brevissimeque unguiculata obreniformis bene biloba, margine utrinque crenulata. Callus baseos crassus antice obtuse tridentatus velutinus; series quinae rectae calliferae ab illo per lobum medium, veniae radiantes elevatulae. Androclinii lobus posticus bilobus.

Chiriqui.

81. Epidendrum vitellinum Lindl. Orch. 97! Lindl. B. Reg. 1840. 35! Lindl. Sert. Orch. 45! Hook. B. Mag. 4107! Lem. Ill. Hort. 4! Van Houtte Fl. des Serres X. 1026!

Moneo, duas exstare varietates. Illa, quam Hartwegius in Cumbre de Tetontepeque, 9000′ legit, borealis videtur excellere habitu valde robusto, racemo multifloro. Est planta vere speciosa. Vidi eam florentem apud dominos Veitch, Chelsea, Royal Exotic Nursery. Altera, nunc longe vulgatior est varietas australis longe minor et debilior, cujus centurias nuper vidi vivas apud amicum Low, Upper Clapton, London. Characteres specificos reperire non continget.

Guatemala.

82. Epidendrum tesselatum Bat. in Lindl. Bot. Reg. 1838. Misc. 9! Hook. Bot. Mag. 3638! Epidendrum lividum Lindl. Bot. Reg. 1838. Misc. 91! Epidendrum tesselatum Bat. citato syn. Epidendri lividi Lindl. Bot. Reg. 1838. Misc. 91! Lindl. Folia No. 69! Epidendrum lividum Lindl. Lindl. Folia No. 11! Epidendrum articulatum Klotzsch Allg. Gtz. 1838. 22. Sept.!

Costa Rica. Veraguas. Chiriqui.

+ + + Aulizeum Lindl.

83. Epidendrum prismatocarpum Rchb. fil. in v. Mohl & v. Schldl. B. Z. 1852, p. 729!: pseudobulbo lagenaeformi tandem sulcato, diphyllo, foliis oblongo ligulatis acutis, spatha coriacea elongata, racemo multifloro, labello late unguiculato columnae adnato trilobo, lobis lateralibus rotundis basilaribus, lobo medio isthmo angusto separato triangulo, callis depressis contiguis medio excavatis in basi.

Epidendrum prismatocarpum Rchb. fil. Lindl. Folia I. Epidendrum No. 23! Hook Bot. Mag 5336! Rchb. fil. in Walp. Rep. VI. 322! in Hamb. Gtz. 1859. 57! Warner, Select. Orch. I. 9! Rchb. fil. Xen. II. Tab. 129, p. 83!

„Epidendrum maculatum of Prof. Reichenbach" Stevens Covent Garden Sales. Epidendrum nigro maculatum Hort. Epidendrum Uroskinneri Hort.

Pseudobulbus pyriformis seu pyriformi semifusiformis compressus diphyllus; ultra spithamaeus. Folia cuneato ligulata seu oblongoligulata acuta gemina, nunc internodio evoluto separata. Spatha acuta elongata. Pedunculus ultra pedalis, racemosus, hinc basi libera vagina una alterave onustus. Flores diametro bipollicari. Sepala ligulata acuta, prasina, atropurpureo maculata. Maculae magnae uniseriatae, transversae, margine lobosae. Sepala lateralia extus subcarinata. Tepala falcata acuta prasina, minus maculata. Labellum infra dimidium columnae adnatum (Aulizeum!) unguiculatum, utrinque minute auriculatum, antice longe trulliforme; callus depressus a basi in basin trullae, antice bilobus ommino biligulatus, limbis prominulis, inde utrinque medio impressus, trullae discus elevatus, basi luteus, antice purpureus. Columna flava, basi atropurpurea, clavata, apice trifida, laciniae laterales ovato falcatae, lacinia postica linearis tridentata; rostellum semiovatum medio elevatum; fovea obtusangula. Anthera depressa. Pollinia longa, ligulata, compressa, supra caudiculas cohaerentes.

Chiriqui Vulcan. November. 8000'. Jetzt häufig in unsern Orchideen-Sammlungen gezogen und wegen hoher Schönheit beliebt.

84. **Epidendrum Brassavolae** Rchb. fil. in v. Mohl & v. Schldl. B. Zeitg, 1852. 738!: aff. Epidendro prismatocarpo Rchb. fil. labello longe cuneato oblongo acuminato lineis tribus per discum carinato, androclinii dentibus lateralibus triangulo semilunatis extus medio unidentatis, dente medio spatulato sursum serrulato.

Epidendrum Brassavolae Rchb. fil. Lindl. Folia 1. Epidendrum No. 7! Rchb. fil. in Walp. Ann. VI. p. 321. No. 24!

„Pseudobulbi obpyriformes. Folia oblonga acuta. Inflorescentia bipedalis-tripedalis." Pedunculus teretiusculus validus multiflorus. Bracteae triangulae ovariis teretiusculis pedicellatis multo breviores. Sepala et tepala lineari lanceolata acuminata. Labellum fere basin usque liberum, unguiculatum, antice obtuse rhombeum acuminatum, linea media a labelli basi apicem usque elevata linea laterali utrinque minori. Columna trigona, androclinio tridentato. Dens posticus spatulatus serratus. Dentes laterales semilunati antice unidentati, foveae semilunaris cruribus in dentes laterales excurrentibus. Anthera depressa. — Flores flavi et brunneoviolacei. Labellum flavum, apice purpureum. — Anthera neglecta crederes esse Brassavolam generis Bletiae.

Chiriqui Vulkan auf Steinen. 1000'.

Obs. Teneo specimen a Skinnero adportatum (inde ab Indiano quodam lectum) „e Guatemala", quod verrucis densissime obsitum. Credo occurrere in Orchideis morbum verrucarium. Ita habeo inflorescentiam Epidendri patentis ex horto Jenischiano verrucis obsitam.

85. **Epidendrum glumibracteum** Rchb. fil. Hamb. Gtz. 1863. p. 11. No. 130!: aff. Epidendro clavato Lindl. labelli partitionibus lateralibus bidentatis, dente antico semifalcato, postico semirhombeo, partitione media longiore rhombeolanceolata.

Specimina duo habeo spontanea. Caulis floridus ima basi subbulbosus, vaginis acutis multis vestitus, infimis retusis, stramineis fusco maculatis, superioribus semiovatis acutis. Racemus pluriflorus. Bracteae spathaceae acutae seu acuminatae ovaria pedicellata seu totos flores aequantes. Sepala ligulata acuminata. Tepala angustiora. Labelli tripartiti partitiones laterales semiovatae extus exciso biden-

5*

tatae, partitio media ligulata, apiculata seu obtusangulo rhombea apiculata, seu spatulata acuta. Androclinium exciso tridentatum.

Costa Rica. — Eadem planta apparuit in horto Schilleriano Julio 1862, sed longe tenerior et flaccidior.

86. Epidendrum falcatum Lindl. in Taylor's Ann. Nat. Hist. IV. Feb. 1840. p. 382! Lindl. Folia I. Epidendrum sub No. 91! Epidendrum Parkinsonianum Hook. B. Mag. 3778! Epidendrum aloifolium Bat. Orch. Mex. Guat. 25! Epidendrum lactiflorum Rich. Gal. Ann. sc. nat. 1845. p. 22! Lindl. Benth. Pl. Hartw. fasc. 1, p. 72! Lindl. B. Reg. XXVI. 1840. Misc. 20! XXXI. 1845. Misc. 36! Walp. Ann. VI. 348 (sphalmate Epidendrum „latifolium" pro „lactiflorum").
Costa Rica.

++++ Osmophytum.

87. Epidendrum Spondiadum Rchb. fil. & v. Schldl. Bot. Ztg. 1852, p. 731!: spatha carnosa ancipiti acuta, racemo plurifloro, ovario triptero, labello hastato rotundato abrupte acuto, callo depresso, subquadrato antice apiculato in disco postico, columna late trigona, androclinio tridentato, dentibus lateralibus falcatis latis extus serratis, dente medio ligulato apice retuso bidentato, papula dorso postposita.

Epidendrum Spondiadum Rchb. fil. in Lindl. Folia Epidendrum No. 119! Walp. Ann. VI. 356.

Pseudobulbus tres-quatuor pollices altus, ligulatus, anceps, monophyllus. Folium lineariligulatum acutum quinque sex usque pollices longum, pollicem prope latum. Spatha oblonga acuta crassa anceps. Pedunculus septemflorus, racemosus. Bracteae triangulae abbreviatae. Flores benes coriacei. Pedicelli teretiusculi in ovaria triptera abeuntia, alis ima basi sub perigonio rotundatis. Sepala late ligulata acuminata. Tepala cuneata ovata acuta. Labellum hastato rotundatum abrupte acutum, callo depresso quadrato seu subquadrato medio antice apiculato in carinam exeunte in disco, angulis quidem posticis bicarinatis, carina una interna, una externa. Columna late trigona. Androclinium tridentatum, dentes laterales falcati lati extus denticulis paucis serrati, dens medius ligulatus retusus excisus hinc bidentatus; papula postposita. Anthera depressa apice antice bidentata.

Ex icone picta Warscewiczii, ad quam folium descripsi mihi non cognitum, perigonium omni disco purpureum, sepala et tepala flavo limbata, labellum albo limbosum.

Costa Rica. Januario. 6000'. In Spondiadibus.

+++++ Psilanthemum Klotzsch.

88. Epidendrum Stamfordianum Bat. Orch. Mex. Guat. 11! Lindl. B. Reg. XXXI. 1845. Misc. 34! Epidendrum basilare Klotzsch Allg. Gtz. 11, p. 193! Lk. Klotzsch Otto Ic. pl. p. 45! Lindl. Folia Epidendrum No. 88! Lem. Jard. fl. 25! Hook. B. Mag. 4659! Walp. Ann. VI. 415!

Monstro admodum miro deceptus fui, ubi nominavi Epidendrum cycnostalix Rchb. fil. in v. Mohl & v. Schldl. B. Ztg. 1852 p. 731! Lindl. Folia I. Epidendrum No. 101! Enim enimvero genuina planta pseudobulbos prodit foliatos ananthos et caules alios floridos, quod occurrit etiam in Epidendro Walkeriano Rchb. fil. (Cattleya Walkeriana Gardn. Cattleya bulbosa Lindl.). Et idem videtur saepius accidere in Epidendro clavato Lindl. Jam infaustum illud monstrum caulem gerit vaginis pluribus scariosis stramineis onustum, striolis maculisque numerosis castaneis pollentibus. Sequitur folium coriaceum unum geneticum, spatha acuminata maculata et panicula florum plantae bene notae. Nemo plantam et a Lindleyo acceptam reduxit, nisi ipse, cum augescente experientia monstra similia plura observassem.

Chiriqui. October.

B. Epidendra distichifolia.
+ Amphiglottium Lindl.

89. **Epidendrum Skinneri** Bat. in Lindl. B. Reg. 1881! Hook. B. Mag. 3951! Lindl. Folia 1. Epidendrum No. 196! Walp. Ann. VI. 382! Epidendrum Fuchsii Regel Schwz. Zeitschr. für Gartenbau 1851. p. 202!

Guatemala. Auch weiss blühend.

90. **Epidendrum Centropetalum** Rchb. fil. in von Mohl & v. Schldl. B. Zeitg. 1852. 736!: columna petaloidea, labello trilobo lobis lateralibus triangulis, lobo medio flabellato profunde bilobo, apiculo in sinu.

Epidendrum Centropetalum Rchb. fil. Lindl. Folia Orchidacea I. Epidendrum No. 215!

Oerstedella centropetala Rchb. fil. in v. Mohl & v. Schldl. B. Zeitg. 1852. p. 732! Xenia Orchidacea I. p. 49. Tab. 17. II. 6—8.

Caulis strictus calamum passerinum crassus ima basi bulboso tumidulus vaginis inferioribus arctis defoliatis nervis atroviolaceis papillisque pluribus atroviolaceis interjectis. Folia cuneato ligulata acutata sat angusta, haud ita carnosa fuisse visa. Racemus terminalis pauciflorus vaginis duabus minutis spathaceis in basi. Bracteae triangulae ovariis pedicellatis multoties breviores. Perigonium roseum. Sepala et tepala cuneato ligulata acuta. Labellum bene cum columna connatum, ungue laminam incrassatam apice tridentatam efferente, dentibus lateralibus obtusis, dente medio acuto minutissimo. Dentes labelli laterales semifalcati porrecti, pars antica cuneato flabellata obtuse biloba cum denticulo in sinu. Androclinium in cucullum membranaceum lobulatum extensum.

Chiriqui Vulcan. December. 4000'.

91. **Epidendrum paranthicum** Rchb. fil. in v. Mohl & v. Schldl. B. Zeitg. 1852. 736!: tenuissimum, ramosum, vaginis rugulosis, foliis linearibus obtuse acutis complicatis, pedunculo ancipiti tenui, bracteis triangulis acute carinatis,

ovaria pedicellata non aequantibus, sepalis triangulis, lateralibus extus carinatis, tepalis linearibus acutis, labello trifido, laciniis lateralibus semiovatis, lacinia media lineari triangula complicata.

Epidendrum paranthicum Rchb. fil. Lindl. Folia I. Epidendrum No. 214! Walp. Ann. VI. p. 387!

Caules primarii tenues filiformes vaginis vetustis ac radicibus aëreis hinc ramulosis tenuissimi. Caules secundarii vernixii vaginis arctis multis tenuissime ruguloso favulosis. Laminae nitidissimae lineares obtuse acutae complicatae. Pedunculus gracilis porrectus anceps spatha una ancipiti bracteaeformi sub inflorescentia. Bracteae triangulae ancipites. Flores cernui illis Stelidis parvilabris aequales. Labelli laciniae laterales semirotundae, postice semisagittatae, lacinia media linearis, callo ligulato acuto excavato per discum. Columna dorso carinata, androclinium utrinque alula producta.

Guatemala.

92. **Epidendrum Warscewiczii** Rchb. fil. in v. Mohl & v. Schldl. B. Zeitg. 1852. p. 732!: nulli affine, foliis lineari ligulatis, racemo recurvo, bracteis lanceolatis cuspidatis, labello cuneato oblongo margine minute crenulato ante medium trilobo, lobis lateralibus rectangulis, lobo medio semiovali apiculato, callis duobus in basi, carinulis tribus per discum.

Epidendrum Warscewiczii Rchb. fil. Lindl. Folia I. Epidendrum No. 213! — Rchb. fil. Walp. Ann. VI. p. 287! Rchb. fil. Xenia I. p. 69. Tab. 26!

Caulis calamum anatinum crassus, paucifolius, quinque-usque sexfolius. Folia in caule florido duo tantum adhuc, summa, adhuc vigentia, lineari ligulata, apice obtuse et inaequaliter biloba. Pedunculus reflexus pluriflorus racemoso corymbosus, basi bisquamatus. Squamae scariosae valde nervosae lanceolatae apice lanceae glumaceae vix pollicares. Bracteae subaequales breviores. Flores valde speciosi sicci visi, membranacei, illis Epidendri atropurpurei prope aequales. Ovaria pedicellata ultrapollicaria usque pollicaria, apice egregie obtuse cuniculata. Sepala a lata basi triangula acuminata, lateralia ima basi subconnata. Tepala breviora, latiora, obtusa, apicibus reflexa visa. Labellum a basi latius cuneata dilatatum, oblongoflabellatum, marginibus anterioribus plus minus minute denticulato crenulatis, lobis lateralibus ante medium progredientibus rectangulis parvis, lobo medio producto semiovato apiculato, callis duobus in ima basi dentiformibus, carinis tribus elevatis antrorsum per discum. Columna crassa obtusata apice lobulata. — Flores certe rosei fuere.

Costa Rica, Veraguas, Chiriqui.

++ Euepidendrum Lindl.

93. **Epidendrum incomptum** Rchb. fil. in v. Mohl & v. Schldl. B. Zeitg. 1852, p. 732!: aff. Epidendro arbusculae Lindl. caule valido, foliis cuneato oblongis acutis, racemo plurifloro, bracteis setaceis, labello subcordato trifido, laciniis

lateralibus subrhombeis, lacinia media subcordato acuta, nervis ternis, medianis, longitudinalibus, elevatis.

Epidendrum incomptum Rchb. fil. Lindl. Folia I. Epidendrum No. 278! Walp. Ann. VI. 410!

Caulis calamum anserinum crassus. Vaginae foliorum septem dejectorum plus minus emaciatae, superne ampliatae. Folia laminifera tria. Laminae cuneato oblongae obovataeve acutae apice acuto inaequales, 4—5 pollices longae, sesquipollicem latae. Pedunculus inferne anceps, tum racemosus. Bracteae triangulo setaceae ovariis longe pedicellatis breviores. Sepalum dorsale cuneato oblongum acutum, sepala lateralia obliqua oblongosemilunata acuta. Tepala spatulata acuta. Labellum transversum, subcordatum, trifidum, laciniae laterales subrhombeae, lacinia media subcordata acuta, nervi terni mediani longitudinales elevati, columna anceps, androclinii limbo trilobo, lobo postico apiculato, lobis lateralibus rhombeis lobulatis; rostello profundissime fisso, angustissimo.

Costa Rica.

94. **Epidendrum Pseudepidendrum** Rchb. fil. Xenia I. p. 160. Tab. 53!: pone Epidendrum verrucosum Sw. panicula pauciflora, tepalis cuneato ligulatis acutis, labello a basi cordata flabellato antice retuso emarginato, utrinque serrulato, callo depresso antice semilunato cum denticulis in basi, lineis ternis elevatis per discum.

Pseudepidendrum spectabile Rchb. fil. in v. Mohl & v. Schldl. Bot. Ztg. X. 1852. p. 733!

Epidendrum Pseudepidendrum Rchb. fil. in Walp. Ann. VI. 414!

Caulis spithamaeus, modice crassus. Folia cuneato oblonga texturae illorum Epidendri floribundi H. B. Kth.! Pedunculus anceps. Racemus ramosus terminalis. Flores magni speciosi. Ovarium pedicellatum non cuniculatum bracteis triangulis squamaeformibus multo longius. Sepala cuneato ligulata obtuse acuta. Tepala melius cuneata angustiora. Labellum a basi cordata flabellatum, antice retuso emarginatum, utrinque serrulatum, callo depresso antice semilunato cum denticulo in basi, lineis ternis elevatis per discum. Columna gracilis clavata apice abrupta. Sepala et tepala viridia. Labelli lamina miniata. Columna basi viridis, apice rosea. Pollinia subfalcata, interna minora, omnia in lamina caudiculari tridentata.

In Ficubus Cordillerarum. Chiriqui 4000'. Januario. Februario.

95. **Epidendrum tetraceros** Rchb. fil. in v. Mohl & v. Schldl. B. Z. 1852. p. 733!: aff. Epidendro filicauli Lindl. labello subrotundo lobulato, corniculis duobus in basi, lineis elevatis ternis a basi in discum, androclinio quadrifido.

Epidendrum tetraceros Rchb. fil. Lindl. Folia I. Epidendrum 251! Rchb. fil. in Walp. Ann. VI. 403!

Caulem teneo cujus apex et basis desunt. Calamum columbinum est crassus, vaginarum residuis argyreis vestitus, pedalis, ramosus, ramis quinque ramosulis, similibus. Ramuli apicibus foliosi, basibus vaginatis. Vaginae asperulae. Laminae lineares, retuso tridentatae, sesquipollicares, duas lineas latae. Racemus 3—4 florus. Flores magni illis Epidendri Pastoris subaequales. Ovaria pedicellata bracteas triangulas acutas longissime excedentia, pollicaria. Sepala oblonga acuta. Tepala spatulata acuminata. Labellum ante apicem columnae liberum rotundatum, lobulatum; cornicula duo in basi, lineae validae elevatae ternae antepositae, laterales breviores. Columnae androclinium quadrifidum, laciniae mediae ligulatae, oblique acutae, laciniae externae rhombeae.

Costa Rica. Carthago Vulcan 9000′.

96. **Epidendrum imbricatum** Lindl. Gen. & Sp. Orch. 71! — Folia I. Epidendrum No. 243! — Walp. Ann. VI. 401!
Species hactenus tantum ex Brasilia cognita.
Costa Rica 9—10000′.

97. **Bletia (Schomburgkia) Tibicinis** Rchb. fil. Walp. Ann. VI. 429! — Epidendrum Tibicinis Bat. B. Reg. XXIV. 1838. Misc. 12! Schomburgkia Tibicinis Bat. B. Reg. 1841. XXVII. Misc. 119! Bat. Orch. Mex. Guat. Tab. 30. Schomburgkia Tibicinis grandiflora Lindl. B. Reg. XXXI. 1845. 30! Hook B. Mag. 4476! Schomburgkia Galeottiana. A. Rich. & Gal.! Ann. sc. nat. 1845. Jan. p. 23!
Costa Rica.

98. **Bletia (Schomburgkia) undulata** Rchb. fil. Walp. Ann. VI. 420. **Var.? Costaricana** Rchb. fil. Xenia II. p. 49!: labello basi cordato, medio trilobo, loborum lateralium parte libera antrorsa, lobo medio oblongo, acuto, tumore oblongo basi abrupto a regione antebasilari in basin lobi medii, ibi tandem (nec intra medios lobos laterales, uti in genuina) in carinas quinque radiantes breves excurrente. Planta ...... Pedunculus genuinae Bletiae undulatae. Bracteae intense purpureo fucatae, ovariis pedicellatis multo breviores. Sepala et tepala breviora, ceterum illis genuinae plantae aequalia. Labellum disco aureo, quod in genuina planta non occurrit, sed in hac adeo perspicuum, ut in sicca adhuc conspiciatur. Flores plurimi.
Chiriqui et Costa Rica. In Inga 6000′. Januario.

99. **Bletia (Brassavola) lineata** Rchb. fil. Walp. Ann. V. 436!: cepulifolia, cuneilabia, caule florido aphyllo, sepalis labelloque acuminatis.
Brassavola lineata Hook. B. Mag. 4734!
Brassavola Matthieuana Klotzsch Allg. Berl. Gtz. 1853. 290!

Rhizoma nodosum. Caules secundarii foliorum brevissimi. Folia longissima flagellata. Pedunculi ex vaginis rhizomatis enati vaginati, uni- usque biflori. Sepala lanceo acuminata candida, tepalis aequalia. Labelli albi unguis integerrimus. Lamina explanata oblonga acuminata. Androclinii falces laterales acuminatae, falx postica acuta brevis.
Costa Rica 1—2000'.

100. **Bletia (Brassavola) acaulis** Rchb. fil. Walp. Ann. V. 435!: cepulifolia cuneilabia, caule florido aphyllo, sepalis labelloque acutis.

Brassavola acaulis Lindl. in Paxt. Fl. Gard. II. 152. No. 428. Xyl. 216!

Juxta manus habeo iconem ab amicissimo de Warscewicz loco confectam et illam, quam ad florem typicum herbarii Lindleyani delineavi. De Warscewicz narravit, folia esse bipedalia, plantam florere Januario, sepala et tepala viridiflava maculis brunneis, labellum album, disco roseum. Icon excellit ungue labelli incurvo elongato tubaeformi, lamina explanata ampla. — Icon a me apud ill. Lindley confecta contra excellit ungue labelli breviusculo. Timeo, ne haec et praecedens eandem sistant speciem. Tum nomen Bletiae acaulis erit servandum. Columna a cl. Lindley delineata tres dentes aequilongos offert, laterales acutos, posticum dentem bidentatum. Quaestio non arbitrio, sed observationibus denuo in speciminibus instituendis solvenda. (Non habeo, sed vid. auth. sicc. et hab. icon. authentic).

101. **Coelia macrostachya** Lindl. in Bentham Pl. Hart. 1842. fasc. p. 92! Lindl. Hort. Soc. Jour. IV. 114. 1849. c. Xyl.! Van Houtte Fl. des Serres IX. 113 et V. 447 b! Hook B. Mag. 4712!

Duae adsunt varietates, quas diu diligenter observavi:

a. **genuina:** Coelia macrostachya Lindl. Pl. Hart. et Jour. Hort. Soc. & Van Houtte V. l. c.

b. **integrilabia:** labello apice acuto ante apicem utrinque obtusangulo. Hook B. Mag. 4712. V. H. IX. l. c.

Var. a. mihi ex Mexico bene cognita: e. gr. Zacuapan Leibold! Hacienda de la Llaguna Hartweg! (Herb. Lindl.!) Jalapa Schiede.! Oaxaca Galeotti 5016! (Fleur rouge carminé.) Terre froide à 7000'. Jan.—Oct. Cordillera.

Var. b. mihi tantum suppetit: Chiriqui Cordilleren 6000'. November. Warscewicz! Est minus elegauter evoluta. Bracteae longiores. Vix crediderim, propriam esse speciem, cum species recenter nominatae Coelia guatemalensis Rchb. fil. et Coelia bella Rchb. fil. et antiqua Coelia Baueriana Lindl. doceant, quantum et quam gravibus momentis inter se recedant. — Nescio quo calami lapsu in Walp. Ann. VI. 218! ad Coeliam macrostachyam addiderim Lindl. Orch. 26, quod ad Coeliam Bauerianam Lindl. pertinet.

Fructus alcohole servati, prope Zacuapan a Leiboldio lecti, pericarpium bene carnosum, subbaccatum obtulerunt.

102. Hexisea sp. America centralis. Perpulchra species mihi icone tantum nota. Caulis crassus, quinque pollices altus, a pede tenui bene incrassatus, inter articulos constrictus, bene foliatus, foliis ligulatis bilobis. Flos terminalis solitarius illo Epidendri Skinneri major, roseus, disco flavo in labelli basi. Sepala ligulata acuta. Tepala rhombea acuta. Labellum a cuneo basilari transverse oblongum, antice rotundatum. Mentionem feci plantae in Walp. Ann. VI. p. 470!

103. Hexadesmia micrantha Lindl. Bot. Reg. XXX. 1844. Misc. 5! Rchb. fil. Xenia I. 170. Tab. 59. III. 6—16!

Costa Rica, Veraguas, Chiriqui.

104. Elleanthus hymenophorus Rchb. fil. in Walp. Ann. VI. 480!: Eustachydelyna furfuracea simplicicaulis, racemo abreviato, bracteis ovatis acutis, sepalis oblongis acutis, tepalis angustis spatulatis, labello basi implicito, ovato ciliato dentato, plica erecta demum lacera ante callos baseos.

Evelyna hymenophora Rchb. fil. in v. Mohl & v. Schldl. B. Zeitg. 1852. 711!

Caulis simplex. Vaginae sicci speciminis profunde sulcatae. Foliorum laminae cuneato-oblongae acutae seu acuminatae, nervis undecim valde prominulis, forsan discolores, prope pedales, tres usque pollices latae. Spatha pandurata, navicularis, hinc muriculata. Racemus recurvus abbreviatus. Bracteae ovatae acutae naviculares scariosae, hinc muriculatae, flores aequantes. Ovaria gibberosa muriculato papillosa. Sepala oblongoligulata acuta, sepalum summum cuneatum. Tepala angustiora, spatulata, obtuse acuta. Labellum orbiculare, ciliato dentatum, basin versus marginibus implicitis contractum. Fovea clausa ope membranae semilunaris retrorsae post anthesin lacerae. Calli baseos duo trianguli.

„Blüthe schwefelgelb. Chiriqui Cordilleren 6—7000'. December."

105. Elleanthus sp. Adest caulis non floridus unicus. Superficies nuda caulis nigropurpureo maculata papillis corneis appressis. Vaginae valde nervosae, arctae. Folia lanceolata acuminata nervosa, plicata, illis Sobralia rigidissimae Lind. & Rchb. fil. comparabilia. Spathae forsan plures, emarcidae. Pedunculus cum caule rectangulus, crassissimus, cicatricibus pedicellorum maximis, bracteis angusto ligulatis acutis, reflexis.

Nulli inter species nunc nobis cognitas comparabilis.

Chiriqui. Januar. Blüthe violett.

106. Arpophyllum alpinum Lindl. in Benth. Plant. Hartweg p. 93! Planta folio perbrevi latiusculo ab Arpophyllo spicato satis facile distinguenda. Specimen praesto est vix quatuor pollices altum. Spatha caulina ampla acuta nervosa angulosa caulem folium usque non tegens. Folium cuneato ligulatum bene acutum, bene coriaceum. Spatha membranacea acuta pedunculum usque ad racemum minutum haemisphaericum capitatum cingens. Sepala ligulato acuta; lateralia saccum obtusum efformantia. Tepala spatulata acuta. Labellum basi saccatum ligulatum obtuse acutum, ciliolatofimbriatum. Columna gracilis fovea reniformi.

America centralis.

107. **Arpophyllum Cardinalis** Lind. Rchb. fil. in Boupl. II. 282!: aff. Arpophyllo giganteo Lindl. labello prope recto vix denticulato, numquam fimbriato.

Arpophyllum giganteum Hort. & Warner Sel. Orch.!
Arpophyllum Cardinalis Lind. Rchb. fil. Pescatorea I!

Caules basi ascendentes, bene crassi, vaginis partim in fasciculos vasorum solutis, radicibus aëreis perforatis. Vaginae integrae vulgo quaternae, omnes nervoso striatae ac verruculis transverse obsitae rugulosae. Vaginae ternae inferiores imbricatae, suprema longissima ab inferioribus bene distans. Caulis superne calamo aquilino crassior folium usque solitarium nunc per spatium trium pollicum liber, nunc omnino a spatha absconditus. Folium cuneato ligulatum apice attenuatum, bilobum, rectum, pedale et imo pedis longitudinem excedens. Spatha castanea anceps, sursum acuta, uno latere fissa, pedunculum densissime spicatum prodens. Bracteae triangulae acutae brevissimae. Ovaria pedicellata porrecta muriculata. Sepala ligulata acuta, lateralia saccum obtusum efficientia. Tepala spatulata denticulata. Labellum prope rectum, basi saccatum, ligulatum, antice denticulatum, nunc calceolato inflexum. Columna pandurata bucca obtusangula utrinque in basi fovea transversa rotunda emarginata. Dens androclinii posticus transversus denticulatus.

Guatemala und Nicaragua! (Ocaña Schlim!)

108. **Chysis aurea** Lindl. B. Reg. XXIII. (1837) 1937! Chiriqui Vulkan auf Ficus. 5—6000'. November.

Obs. Tirones nunc putant hanc esse synonymum Chysidis Limminghei Lind. Rchb. fil. Haec autem noctu, tactu potest distingui. Semper illa pollet labelli lobo medio crispo, dum hujus plauissimus est lobus medius.

Species prope nulli cognita est **Chysis Brünnowiana** Rchb. fil. Wswz. in v. Mohl & v. Schldl. B. Zeitg. 1857. p. 157! Videtur omnium pulcherrima. Flores magni candidi videntur fuisse, labelli lobus medius rotundus et forsan cochleatus laete purpureoviolaceus. Mentum adeo gibbum, uti in Chyside laevi Lindl. Carinarum falces longe liberae.

Species dicata fuit egr. Brünnow, olim Berolinensi, nunc Hamburgensi, Borussorum regis duci postali, qui et de botanica arte, et de absente amicissimo Warscewicz per plures annos optime meruit, omnia commercia Warscewicziana felicissime solvens.

Cypripedieae Lindl.

109. Selenipedium longifolium Rchb. fil. Wswz. Xenia 1.
p. 3!: caespitosum, foliis latoligulatis acutis, pedunculo glaberrimo, bracteis heliconiaceis acutis, ovariis glabris, staminodio triangulo, angulis lateralibus erectis,
obtusis, medio angulo acuto.

Cypripedium longifolium Wswz. Rchb. fil. in v. Mohl & v. Schldl. B. Zeitg.
1862. 690!

Caespitosum. Folia latoligulata acuta, medio inferne carinata. Pedunculus
glaberrimus, pluriflorus, tri- usque quadriflorus. Bracteae triangulae acutae spathaceae ovaria glabra, brevi rostrata aequantes. Sepalum summum oblongum acutum.
Sepalum inferius ovaliacutum. Utrumque glaberrimum, margine crispulum. Tepala
a latiori basi linearia acuminata, torta, multo longiora. Labellum calceolare oblongum,
ore antico emarginato. Staminodium triangulum angulis lateralibus erectis, obtusis,
medio angulo acuto.

Cordilleren von Chiriqui 5—8000′. Blüht in verschiedenen Jahreszeiten.
Zwischen Steinen, einmal auch im Kiese eines Baches gefunden.

Obs. Plantae huic affines sunt species duae, de quibus haud ita fauste
disseruit cl. Batemanius: S. caricinum Rchb. fil. (Cypripedium caricinum Lindl.)
et S. Pearcei Rchb. fil. (Cypripedium Pearcei Bat. Cypripedium caricinum Bat.).
Sciat cl. Bateman, Selenipedium caricinum Lindl. plantam esse Bolivianam, a
Bridgesio collectam, cujus rhizoma sympodiale internodia approximata, brevia offert,
cujus ovaria bene puberula. Sciat porro, Selenipedium Pearcei Rchb. fil. (quod
saepe observavi, primum ex horto Houtteano Gandavensi obtinui) a Selenipedio
caricino Rchb. fil. recedere sympodio longiarticulato et ovariis calvis; a Selenipedio
longifolio tandem bracteis valde abbreviatis, nec heliconiaceis et labello multo
ampliori satis superque recedere. Genus tandem Selenipedii ovario triloculari ac
antherarum connectivis unguiformibus differre constat.

110. Selenipedium caudatum Rchb. fil.

Cypripedium caudatum Lind. Gen. & Sp. Orch. 531! Hook. Ic. 638!
Selenipedium caudatum Rchb. fil. Xenia 1. 3. Pescatorea t. 24!
Cypripedium Warscewiczianum Rchb. fil. in v. Mohl & v. Schldl. B. Zeitg.
1852. 692!
Selenipedium Warscewiczianum Rchb. fil. Xenia I. 3!

Chiriqui. Mai—Juli.

II. Orchideae Oerstedianae.

Herr Professor Dr. Oersted vertraute mir die dem Copenhagener öffentlichen Herbarium angehörigen Orchideen seiner centralamerikanischen Expedition zur Bearbeitung an. Die Zahl der neuen Arten war erheblich, was zum Theil daher kam, dass der genannte verdiente Reisende auch den bescheidensten Formen seine Gunst schenkte.

Erst jetzt veröffentliche ich die vollständige Aufzählung dieser Orchideen. Dass ich es jetzt vermag, nachdem die Hauptsammlung längst wieder an ihrem Platze in Kopenhagen aufgestellt ist, verdanke ich grossen Theils der wahrhaft edlen Munificenz, vermöge derer mir eine schöne, reiche Serie fast aller Orchideen jener Expedition als Dank für meine Bestimmungen gesendet ward. Diese Munificenz, in Kopenhagen bekanntlich herkömmlich, verdiente wohl noch an gewissen Instituten eingebürgert zu werden, wo sie unbekannt, oder gar traditionswidrig ist.

Ophrydeae Lindl.

1. **Habenaria Oerstedii** Rchb. fil. Bonpl. III. 213!: affinis Habenariae hexapterae Lindl. foliis oblongolanceolatis acutis decrescentibus, bracteis ovario subaequalibus, calcare falcato ovarii pedicellati dimidium non aequante, tepalis ligulatis supra basin inferiorem angulatis, labello ligulato retuso ante basin utrinque angulato.

Planta prope tripedalis. Folia infima quinque usque sex pollices longa, summa in bracteas abeuntia. Racemus elongatus. Bracteae lanceolatae apiculatae. Flores illis Habenariae hexapterae Lindl. aequales. Ovarium bene apterum. Sepala oblonga et summum quidem nunc obovatum apiculatum, nunc tamen oblongum obtusum. Sepala lateralia ligulato falcata obtusa. Brachia stigmatica obtusata apice in ligulam teretiusculam tenuem producta.

Segovia.

Neottiaceae Lindl.

2. **Ponthieva glandulosa** R. Br. Hort. Kew. V. 200!
Cartago.

3. **Cranichis muscosa** Sw. Prodr. 120! Eine kleinblüthige schlanke
Form mit den der Art so eigentbümlichen Scheiden.
In monte Aguacate.

4. **Stenorrhynchus speciosus** Rich. Ann. Orcb. eur. p. 37!
Carthago in Costa Rica.

5. **Spiranthes sceptrodes** Rchb. fil. in Bonplandia III. 214!: aff.
Spiranthidi pictae Lindl. sepalis lateralibus cuneato obovatis apiculatis, tepalis a
lineari basi obovato oblongis, labello ligulato cuneato basi unguiculato brevissime
sagittato antice sensim obtuse acuto cordato ob plicam utrinque involutam, regione
suprabasilari puberula, rostello retuso emarginato.
Planta usque bipedalis speciosa. Folia oblonga acuta basi longe petiolata
cuneata. Caulis infra squamis crebris vestitus, superne longe spicatus, puberulus,
uti ipsae vaginae. Bracteae lanceolatae acutae, ovaria subaequantes. Flores in
specimine egregio illis S. pictae majores, in reliquis aequales, ex icone cl. Oersted
pallide flaveolo virides. Labellum et tepala intus viridi striata.
Segovia. Guanacasto.

6. **Spiranthes aguacatensis** Rchb. fil. l. c. 214!: affinis Spiranthidi camporum Lindl., pusilla, tepalis rhombeis obtuse retusis, labello pandurato
antice crispulo, corniculis acutis posticis marginalibus, rostello exciso.
Adest specimen quadripollicare caule tenui. Vaginae a basi spicam usque
cucullatae apice aristulatae. Spica densa. Bracteae lanceolatae aristatae floribus
aequilongae. Sepala lanceolata obtusiuscula. Planta glabra, ovaria quidem hinc
puberula. Perigonia minuta granum milii aequantia, alba ex icone picta cl. Oerstedii.
In monte Aguacate.

7. **Spiranthes costaricensis** Rchb. fil. l. c. 214!: affinis et similis
Spiranthidi lineatae Lindl.! spica subsecunda densa, bracteis aristatis ovaria aequan-
tibus, labello unguiculato ligulato supra basin acute sagittato ex cornubus supra-
basilaribus.
Adest specimen unicum ultra pedale. Radicis fibrae crassae tomentosae.
Folium adhuc servatum unum petiolari parte angusta laminam oblongolanceolatam
acutam aequante. Pars caulis superior dense vaginata vaginis fissis acuminatis.
Spica per quatuor — quinque pollices extensa. Sepala lanceolata acuta. Tepala
linearia acuta. Rostellum bene bidentatum.
Spiranthes elata Rich. & lineata Lindl. labelli apice et corniculis introrsis
abbreviatis optime recedunt.
Naranjo in Costa Rica.

8. **Spiranthes hemichrea** Lindl. Gen. & Sp. Orch. 473!
Segovia.

Arethuseae Rchb. fil. (Lindl. e. p.)

9. **Sobralia Fenzliana** Rchb. fil. in Schldl. B. Z. 1852. 8. Oct.!
Segovia.

10. **Vanilla Pompona** Schiede in v. Schlechtd. Linnaea IV. 573!:
Folia tantum lecta.
Segovia.

Vandeae Lindl.

11. **Odontoglossum Oerstedii** Rchb. fil. Bonplandia III. 214!:
juxta Odontoglossum crispum Lindl., sepalis triangulis, tepalis obovatis retusiusculis, labello flabellato apice quadrilobo, sinu medio profundo, callo depresso ante basin angustam cordatam rhombeam, apice bilobo, tumore velutino papuloso in centro, columna aptera postice velutina.

Odontoglossum Oerstedii Rchb. fil. Xenia Orchidacea I. p. 189. t. 68. I.
1—3! Walp. Ann. VI. 845!

Psendobulbus anceps pollicaris. Folium tripollicare-quadripollicare, basi petiolato angustatum, lamina cuneata oblonga acuta. Pedunculus gracilis paucivaginatus uniflorus. Flos albus callo aureo maculis purpureis picto lineolis tribus flavis antepositis illi Odontoglossi pulchelli Bat. aequalis.

In monte Irasu ad St. Juan. 9000′.

12. **Odontoglossum pulchellum** Bat.! in Bot. Reg. 1841. t. 48!
B. Mag. 4104. Lindl. Folia I. Odontoglossum No. 63! Walp. Ann. VI. 845!
Blüthen fehlen. Cartago.

13. **Odontoglossum Aspasia** Rchb. fil. in Walp. Ann. VI. 851!
Aspasia epidendroides Lindl. Gen. & Sp. Orch. 139!
La Barranca in Costa Rica.

14. **Oncidium ampliatum** Lindl. Gen. & Sp. 202! Lindl. B. Reg. 1699! Lindl. Folia I. Oncidium p. 28! Walp. Ann. VI. 744!
In Guanacasto ad Santa Rosa.

15. **Oncidium carthaginense** Sw. Act. Holm. 1800. p. 240!
b. Oerstedii Lindl. Folia I. Oncidium 40! Oncidium Oerstedii Rchb. fil. Bonplandia II. 91! Xenia Orchidacea p. 236. tab. 99. III. 8!
Von Nicaragua (Hort. Hafn.).

16. **Oncidium ascendens** Lindl. B. Reg. 1842 sub 4! Lindl. Folia I. Oncidium p. 15! Walp. Ann. VI. 720:
Nicaragua (Hort. Hafn.).

48

17. **Trizeuxis falcata** Lindl. Coll. Bot. t. 2! Hook. Ex. Fl. t. 126!
Lindl. Gen. & Sp. Orch. 126!
Cartago in Costa Rica.

18. **Dichaea species** affinis Dichaeae echinocarpae Lindl. caulibus
ultra pedalibus, vaginis haud conspicue nervosis insignis. Flores haud suppetunt.
In monte Irasu in Costa Rica 7000'. Maio 1847.

19. **Dichaea Oerstedii** Rchb. fil. in Bonplandia III. 219!: aff. D.
glaucae Lindl. foliis brevioribus (sesquipollicaribus) latioribus, labelli bene ungui-
culati lamina oblonga utrinque ter sinuata.
Dichaea Oerstedii Rchb. fil. Walp. Ann. VI. 824!
Caules adsunt ultra pedales. Folia praesertim vaginas subcoeruleo prui-
nosas offerentia ligulatooblonga apice obtusata cum apiculo. Flores numerosi — mihi
tantum ex icone Oerstediana noti. Sepala triangulo lanceolata subacuta. Tepala
breviora latiora.
In summo monte El Viego.

20. **Lockhartia Oerstedii** Rchb. fil. Xenia I. p. 100. p. 105.
Tab. 40. III!: affinis L. luniferae Rchb. fil. tepalis oblongis acutis, labelli lobis
basilaribus semilunatis basi anteriori semicordatis, columna latissime alata.
Lockhartia? Oerstedii Rchb. fil. in v. Mohl & von Schldl. B. Zeitg. 1842. 467!
Lockhartia Oerstedii Rchb. fil. Walp. Ann. 821!
Caules erecti, usque sexpollicares. Folia disticha equitantia triangula apice
obtusa. Racemi pauciflori axillares. Bracteae oblongae acutae, cucullatae, membranaceae. Flores speciosi. Sepala oblongo cuneata acuta. Tepala oblonga acuta
longiora. Labellum a basi cuneata trilobum, lobi laterales ligulati basi antica
semicordati, lobus medius productus a basi longius cuneata dilatatus, bilobus, lobi
rhombeo ovati hinc crenulati, lamina depressa antice acuta in ungue, falculae
prope quinqueseriatae in ungue lobi medii, externae majores. Columna minuta
androclinio cucullato denticulato; lateribus patulo, ceterum centropetaleo. —
Flores aequimagni illis Oncidii sphacelati modici, aurei. Labellum per lobum
medium et unguem purpureis striis ornatum. Columna haud bene asservata.
Barba in Costa Rica.

21. **Govenia** Lindl. Specimina duo anantha. Species ideo haud potest
determinari.
Jaru in Costa Rica.

22. **Zygopetalum discolor** Rchb. fil. in Walp. Ann. VI. 655!
Warrea discolor Lindl. Paxt. Fl. G. I. 73. Xyl. 49! Warscewiczella discolor
Rchb. fil. in v. Schldl. Bot. Zeitg. 1852. 636!
Cartago in Costa Rica.

23. **Maxillaria cucullata** Lindl. Bot. Reg. XXVI. 1840. 12! —
Walp. Ann. VI. 521!

In monte Pantasmo in Segovia.

24. **Maxillaria rhombea** Lindl. Bot. Reg. XXVI. 1840. sub. 12!
Walp. Ann. VI. 522!

In monte Pantasmo in Segovia.

25. **Maxillaria acervata** Rchb. fil. Bonpl. III. 217!: aff. M. varia-
bili Bat. ramis primariis abbreviatis, pseudobulbis ligulatis ancipitibus congestis,
foliis lineariligulatis apice retuso bilobo emarginatis, labello pandurato ante basin
callo triangulo depresso aucto.

Maxillaria acervata Rchb. fil. Walp. Ann. VI. 536!

Caules tri- — quadripollicares dense vaginati. Vaginae asperulae. Pseudobulbi pollicares, sicci tres lineas lati. Folia lineariligulata, bi- — tripollicaria,
duas — tres lineas lata. Flores illis Maxillariae variabilis Bat. aequales. Mentum
modicum. Sepala triangula. Tepala linearia acuta. Columna clavata. Perigonium
virens. Labellum purpureum apice flavum. Columna purpureo punctata.

Ad Suruguas in Costa Rica.

26. **Maxillaria variabilis** Bat. in Lindl. Bot. Reg. XXIII. 1837.
sub 1986! **var. unipunctata** Lindl. l. c. XXIV. Misc. 26! Walp. Ann. VI.
536. 537!

Segovia.

27. **Maxillaria tenuifolia** Lindl. Bot. Reg. XXIII. sub 1936.
XXV. Tab. 8! Walp. Ann. VI. 532! (Sine flore).

Aguacate.

28. **Maxillaria Camaridii** Rchb. fil. in Allg. Hamb. Gtz. 1863.
547! Camaridium ochroleucum Lindl. Bot. Reg. 1824. 844! Walp. Ann. VI. 541!

Planta difficillime extricanda, cum flores mollissimi, flaccidissimi citissime
marcescant. Ex floribus siccis antherae indoles nunquam eruenda. Haec notavi
l. c. floribus vivis inspectis: „Pedunculus a vaginis spathaceis acuminatis fultus.
Bractea amplior, oblonga, acuta, scariosa, ovario pedicellato sublongior. Tela floris
carnoso membranacea mollis. Mentum modicum obtusatum. Sepala oblongo
ligulata acuta, lateralia paulo supra medium carinata. Tepala angustiora, subbreviora, basi in alabastro et serius a sepalorum basibus libera. Labellum articulatione
bene mobili ab ungue brevi abrupto columnae divisum, oblongum, medio trilobo
trifidum; laciniae laterales semioblongae apicibus liberis triangulae; lacinia media
rhombeo oblonga antice retusa; disco incrassata. Discus inter lacinias laterales
papulis filiformibus nunc apice bifurcis tectus; antepositus ante basin laciniae

7

anticae callus retusus tridentatus binc denticulis quibusdam suprapositis. Columna
arcuata clavata; labia subquadrata juxta foveam stigmaticam producta. Anthera
mitraeformis. Pollinia quaterna, postica breviora. Caudicula quadrato oblonga.
Glandula semilunaris! — Flos lacteus. Labelli discus antice flavus. Callus et
papulae flavae. Striae atropurpureae utrinque juxta callos. Vittae duae cinna-
momeae in basi columnae.

Agua caliente.

29. **Maxillaria aciantha** Rchb. fil. in v. Schldl. B. Z. 1858. 858!
Walp. Ann. VI. 513! Flos viridiflavus seu flavus. Callus disci aurantiacus maculis
quibusdam purpureis. (Ad viv.: ex horto Jenischiano, a dom. Kramer cultam).

Cartago et Agua caliente.

30. **Maxillaria** (Sect. Xylobium): fructifera. Haud determinanda.
Turialva.

31. **Polystachya Masayensis** Rchb. fil. Bonplandia III. 217!:
aff. Polystachya cereae Lindl. foliis lineari ligulatis, racemo simplici nunc aequalibus,
pedunculo ac ovariis puberulis, labelli trilobi basi ima furfuracei callosi lobis lateralibus rotundatis, lobo medio producto retuso.

Polystachya Masayensis Rchb. fil. Walp. Ann. 642!

Planta tenuis basi pseudobulbosa. Folia lineari ligulata tripollicaria. Pedunculus pollicaris — quadripollicaris basi vaginis acutis ancipitibus scariosis 2—3
vestitus, superne dense spicatus. Bracteae triangulae aristulatae brevissimae.
Sepalum impar lanceolatum; sepala lateralia triangula; tepala linearia acuta.

In summo monte Masaya.

32. **Polystachya Masayensis** Rchb. fil. l. c. **var. elatior** Rchb.
fil. l. c. Specimen foliis ligulatis quadripollicaribus et pedunculo quinque pollices
longo, ramulosum. Notae speciei genuinae. Vultus Polystachyae estrellensis Rchb. fil.

In monte Masaya 3000'.

33. **Gongora aromatica** Rchb. fil. in Otto & Dietrich Allg. Gtz.
1854. No. 36!: affinis Gongorae retrorsae Rchb. fil. hypochilio basi rodundato
columnae appresso, margine superiori antice acutangulo sinu angusto triangulo
inter angulum et aristam interjecto, corniculis posticis obtusis deflexis, medianis
sinu obtusangulo a labelli ungue separatis, hypochilii basi antica in aristam antror-
sam excedente, carina mediana obtuse rhombea postice apiculata, epichilio ancipiti
antrorsum acuminato, apice uncinato, caruncula basilari inferiori obtuse quadrata
transversa gyrososulcata, sepalis extus carinatis.

Gongora aromatica Rchb. fil. Walp. Ann. VI. 594!

Ad Muimui in Segovia.

34. **Stanhopea Ruckeri** Lindl. Bot. Reg. 1843. sub 44! Walp.
Ann. VI. 589!
Floruit in horto Hafniensi introducta ex Nicaragua a. cl. Oersted.

35. **Catasetum Oerstedii** Rchb. fil. in Bonplandia III. 218!: aff.
Cataseto macrocarpo L. C. Rich. labelli sacco exacte conico, ostii oblongi margine
fimbriato, lamina praerupta intus sub medio antico excisa inermi.
Catasetum Oerstedii Rchb. fil. Walp. Ann. VI. 565!
Detecta jam fuerat a cl. de Warscewicz, qui flores siccos et iconem misit.
Dein iconem Hafniae juxta plantam Nicaraguensem Oerstedianam confectam ob-
tinui. Tum ex horto Pescatoreano (à la Celle de Saint Cloud) missi sunt flores,
quales et Berolino et nuperrime Londino (ab optimo collectore Wilson Saunders
Reigatensi). Sepala, tepala, columna viridia, hinc purpureo aspersa. Labellum
etiam viride, maculis creberrimis atropurpureis. Flores illis Cataseti marcrocarpi
L. C. Rich. aequimagni.
Nicaragua.

Epidendreae Lindl.

36. **Epidendrum Huegelianum** Rchb. fil. Walp. Ann. VI. 312!
Cattleya Skinneri Bat. Orch. Mex. Guat. tab. 13!
Pitagaya in Costa Rica. Matagalpa Segoviae. Cartago, „Guarca" dicta.

37. **Epidendrum labiatum** Rchb. fil. l. c. 313! Cattleya labiata
Lindl. Coll. Bot. 33! Specimen haud bene servatum. Videtur esse planta haec.
Turialva in Costa Rica.

38. **Epidendrum atropurpureum** W. Sp. No. 115! Walp. Ann.
VI. 344! Epidendrum macrochilum Hook. Bot. Mag. 3534! Lindl. Folia 1. Epi-
dendrum 79!
Santa Rosa in Guanacasto.

39. **Epidendrum ochraceum** Lindl. Bot. Reg. 1838. Misc. 15.
tab. 26! Lindl. Folia I. Epidendrum 18! Walp. Ann. VI. 325!
In monte Irasu 8000'.

40. **Epidendrum tessellatum** Bat. Bot. Reg. 1838. Misc. 9! Epi-
dendrum lividum Lindl. l. c. 1838. Misc. 91! Epidendrum articulatum Klotzsch
Allg. Gtz. 1838. 22. Sept.! Lindl. Folia I. Epidendrum 11 & 69! Walp. Ann. VI. 340!
Acajullita in Costa Rica.

41. **Epidendrum falcatum** Lindl. in Tayl. Ann. Nat. Hist. Feb.
1840. Epidendrum Parkinsonianum Hook. B. Mag. 3778! Epidendrum lactiflorum
A. Rich. Gal. Orch. Mex. 57! Lindl. Folia I. Epidendrum 91! Walp. Ann. VI. 348!
Segovia.

42. **Epidendrum Oerstedii** Rchb. fil. in v. Mohl & v. Schldl. B. Z. 1852. 957!: inter Epidendrum falcatum Lindl. et ciliare L., hujus vegetatione, illius perigonio, labelli laciniis lateralibus semiovatis acutis subaequalibus, lacinia media cuneato oblonga aristata.

Epidendrum Oerstedii Rchb. fil. Walp. Ann. VI. 348! Lindl. Folia I. Epidendrum 309!

Pseudobulbus fusiformis. Folia ovato oblonga acutiuscula bina. Spica pauciflora. Bracteae angustae ligulatae, obtusiusculae, ovaria pedicellata vix dimidio aequantes. Sepala et tepala subaequalia, lanceolata, acuminata, lateralia interna paulo breviora apice subulata. Labellum trifidum, laciniae laterales semiovatae seu obtuse et oblique rhombeae integerrimae margine postico et externo magis curvatae, lacinia media sublongiore ligulata dein dilatata apiculo subulato, laciniis lateralibus subduplo longior. Calli gemini in basi obliqui trianguli. Androclinii lobus posticus denticulatus. Sepala et tepala viridula. Labellum candidum.

Cartago, el Viego.

43. **Epidendrum costaricense** Rchb. fil. l. c.!: recedit a priori statura elatiori, racemo plurifloro, labelli lacinia media cuneato lanceolata cuspidata laciniis lateralibus multo longiori.

Epidendrum costaricense Rchb. fil. in Walp. Ann. VI. 348! Lindl. Folia I. Epidendrum 310!

Pseudobulbus fusiformis brevis. Folia ovata oblonga acutiuscula, solitaria seu gemina. Racemus nunc flexuosus, pauci- usque pluriflorus. Bracteae angustae ligulatae acutiusculae seu obtusae ovaria pedicellata non dimidio quidem aequantes. Sepala et tepala lanceolata acuminata aequalia. Labelli laciniae laterales triangulae margine postico recto, lacinia media anguste ligulata, acuta, ante apicem vix dilatata, apice ipso subulata, laciniis lateralibus subduplo longior. Calli gemini in basi obtuse trianguli. Androclinii lobus posticus denticulatus. Sepala et tepala viridia. Labellum albidoflavum.

Cartago el Viego.

44. **Epidendrum cochleatum** L. Sp. 6899! Walp. Ann. 359! Lindl. Folia I. Epidendrum 128!

Fructiferum. Segovia.

45. **Epidendrum Stamfordianum** Bat. Orch. Mex. Guat. 11! Epidendrum basilare Klotzsch in Lindk. Klotzsch, Otto. Ic. Pl. tab. 45. p. 111! Walp. Ann. VI. 425! Lindl. Folia Epidendrum 88!

El Viejo.

46. **Epidendrum nocturnum** Jacq. Am. 225. t. 139! Epidendrum discolor Rich. Gal. Orch. Mex. 56! Epidendrum tridens Pöpp. Endl. N. G. Sp. II. 103! Walp. Ann. VI. 404! Lindl. Folia I. Epidendrum 254!

Pantasmo Segoviae.

47. **Epidendrum difforme** Jacq. Am. 223, t. 136! Epidendrum umbellatum Sw. Nov. Act. Ups. VI. 68! Walp. Ann. VI. 402! Folia I. Epidendrum 248!

Barranca. Matagalpa.

48. **Epidendrum latilabre** Lindl. Bot. Reg. 1841. Misc. 163! Lindl. Folia I. Epidendrum 249! Walp. Ann. VI. 403!

Cartago in Costa Rica.

49. **Epidendrum equitans** Lindl. Bot. Reg. 1838. Misc. 76! Lindl. Folia I. Epidendrum 237! Walp. Ann. VI. 397!

Segovia.

50. **Epidendrum teres** Rchb. fil. in Bonpl. III. 220!: foliis teretibus, labelli compressi fundo basilari carinati lobis lateralibus humiliter angulatis erectis, lobo medio triangulo ancipiti.

Epidendrum teres Rchb. fil. Walp. Ann. VI. 338!

Planta habitu Ponerae juncifoliae. Caules usque octopollicares. Vaginae nervosae (ancipites). Folia carnosa sesquipollicaria 8—9. Caulis dein anceps in spatham foliaceam excurrens: fasciculus bractearum ancipitum (more E. equitantis) congestus, ex axi racemi valde abbreviata. Flos ex icone Oerstediana flavus clausus incluso ovario subpollicaris visus. — siccus multo minor. Ovarium cuniculatum fusiforme. Sepala carnosa triangula, tepala spatulata acuta. Labellum basi columnae obtusae abbreviatae adnatum.

In summo monte El Viego 5500'. In monte Irasu 10000'.

51. **Epidendrum Porpax** Rchb. fil. in Bonpl. III. 220!: juxta E. centropetalum Rchb. fil. pusillum, foliis ligulatis obtuse acutis, vix pollicaribus perpendicularibus, spatha oblique fissa ancipiti uniflora, sepalis lateralibus columnae labellique ungui basi adnatis, triangulis, tepalis linearibus acutis, labello ovato basi ima minute bicalloso, columnae androclinio cucullato elevato.

Epidendrum Porpax Rchb. fil. Walp. Ann. VI. 368!

Flores illis E. piperini Lindl. paulo majores, flavi, labello rufo. Ovarium pedicellatum spatha triplo longius. Spathae siccae rufonigrae.

In monte Pantasmo in Segovia.

52. **Epidendrum Vieji** Rchb. fil. Bonpl. III. 220!: pone E. setiferum caulibus membranaceo vaginatis di- — triphyllis, foliis coriaceis oblongis subacutis nitidis, racemo brevi basi uni- — bisquamato, squamis bracteisque sessilibus lanceis scariosis, tepalis cuneato ovatis, labello cordato orbiculari apice marginato carina hippocrepica ante basin.

Epidendrum Vieji Rchb. fil. Xenia Orchidacea I. tab. 48. p. 139! Walp. Ann. VI. 381!

Planta egregia a cl. Oersted unico, a Pavonio pluribus speciminibus lecta; ab hoc „E. fastigiatum de Mexico" dictum. Rami novelli prodeunt ex axillis vaginarum ramorum vetustorum. Folia tres pollices longa, prope duos lata, vernixia. Flores illis Epidendri elliptici Grab. aequales, bene coriacei. Sepala triangula et tepala ex icone picta Oerstediana carnea purpureo tristriata. Labellum flavido carneum uti columna. Callus purpureus. Bracteae ovariis pedicellatis plus minus breviores.

In summo monte ignivomo El Viego Nicaraguae.

53. Epidendrum Centropetalum Rchb. fil. in v. Schldl. B. Z. 1852. p. 73! Lindl. Folia I. Epid. 215! Rchb. fil. Xenia I. 40! Irasu 7000'.

54. Epidendrum pentadactylum Rchb. fil. in Bonplandia II. 89! Xenia Orchidacea I. Tab. 48 I, 1—4!: labelli quinquepartiti partitionibus lineari-ligulatis hinc lobatis, medianis linearibus, callo depresso, antice bidentato per discum communem.

Caulis bipedalis arcte vaginatus apice tenui ramosus. Rami ascendentes usque septemfoliati. Vaginae asperulae. Laminae ligulatae acutae gramineae usque tres pollices longae, 1—3" latae. Racemus capitatus basi unisquamatus, densiflorus, pluriflorus (1,5'" longa perigonia), cernuus. Bracteae lanceae ovario pedicellato gracili multo breviores. Sepala et tepala paulo latiora oblonga acuta. Labelli unguis ima basi cum columna connatus; partitiones posticae ligulatae apice exciso bilobae divaricatae, anteriores lineares obtusatae; lobus anticus ligulatus apice retuso hinc crenulato bilobus. Carinula ante callum. Columna bene ampliata pro genere lata. Perigonii sepala et tepala purpurea, labellum flavum, callus rufus. (Ex pictura Oerstediana).

Irasu 9000'.

55. Epidendrum radicans Pav. Lindl. Orch. Epid. No. 35. p. 104! Lindl. Folia Epidendrum 220! Walp. Ann. VI. 390! Typus genuinus foliis vernixiis abbreviatis, labelli laciniis lateralibus bene laceris.

In summo monte Masaya. In summo monte El Viejo.

56. Epidendrum imatophyllum Lindl. Orch. No. 52. p. 166! Lindl. Folia I. Epidendrum 222! Vix liquet, num huc pertineat planta etiam in Mexico obvia, cujus salvos inspicere flores mihi nondum contigit.

Ad Aguacaliente.

57. Bletia rubescens Rchb. fil. Walp. Ann. VI. 425! Laelia rubescens Lindl. B. Reg. XXVI. 1840. Misc. 25!

In summo monte El Viejo.

58. **Bletia violacea** Rchb. fil. Walp. Ann. VI. 426! Laelia violacea Rchb. fil. Bonplandia II. 89!

Ad Realeja in monte Masaya.

Olim putavi, esse Bletiam peduncularem Rchb. fil. super Laeliam peduncularem Lindl. Bot. Reg. XXXVIII. 1841. Misc. 11 et 1845. tab. 24 structam. Bene novi typum in herbario Lindleyano asservatum. Planta haud iterum apparuisse visa.

59. **Bletia tibicinis** Rchb. fil. Walp. Ann. VI. 429! Epidendrum tibicinis Bat. Bot. Reg. XXIV. 1838. Misc. 12! Schomburgkia tibicinis Bat. Bot. Reg. XXVII. Misc. 119!

Sapoa.

60. **Bletia verecunda** R. Br. Hort. Kew. V. 206!

In monte Masaya.

61. **Bletia rhopalorrhachis** Rchb. fil. Walp. Ann. VI. 437! Brassavola rhopalorrhachis. Rchb. fil. in v. Schldl. B. Zeitg. 1852. 833!

In provincia Guanacasto.

62. **Isochilus linearis** R. Br. Hort. Kew. ed 2. V. 209!

Irasu, 10000′, alt.

63. **Ponera** sp. Flores desunt. Habitus Ponerae violaceae.

In Segovia.

64. **Hexisea bidentata** Lindl. Hook. B. Journ. I. p. 8? Flores desunt.

In monte Pantasmo Segoviae.

Obs. Haud liquet, num sit haec vera Hexisea bidentata Lind. Florem enim enimvero non obtuli. Videntur tres species Hexiseae iam antehac publici juris factae perbene differre. Hexisea bidentata Lindl. l. c. et Hexisea oppositifolia Rchb. fil. Walp. Ann. VI. 470 labellum gerunt planum. Prioris callus in ima basi transversus in carinulas tres exit. Labelli auriculae bidentatae. Altera pollet callo rotundo bicarinato et auriculis dolabriformibus. Hexisea imbricata Rchb. fil. Walp. l. c. 470! (Diothonaea imbricata Lindl. Sert. Orch. 40. n. 1) gaudet labello bene excavato.

65. **Hexadesmia crurigera** Lindl. B. Reg. XXX. 1844. Misc. 4!: pseudobulbo fusiformi, foliis linearibus apice minute bidentatis, racemo paucifloro, tepalis ovatis acutis, labelli flabellati antice medio bilobi lobo altero alteri imposito, columna ecorni. Hexopia crurigera Bat. Mss. in B. Reg. l. c. Hexadesmia divaricata Hort. Paris. Hexadesmia crurigera Lindl. Rchb. fil. Xenia Orchidacea I. 168. Tab. 59. I. 1—3! Walp. Ann. VI. 468! Densissime caespitosa radicibus intricatissimis superne nunc verruculoso asperatis. Caules a basi tenui teretiuscula in pseudobulbos fusiformes dilatati, quos cum cruribus comparasse videtur cl. Bateman. Folia gemina, solitaria, raro terna, exacte linearia, apice minute bidentata,

pseudobulbo longiora. Pedunculus capillaris vagina basilari una alterave vestitus, apice bi- usque triflorus. Bracteae triangulae acuminatae ovaria pedicellato multoties breviores. Flores distantes. Mentum magnum. Sepala lanceolata argute acuta. Tepala ovata apiculata. Labellum flabellatum antice medio bilobum lobo altero alteri imposito. Columna gracilis semiteres fovea elliptica parva. Perigonium album. Labelli discum flavus. Columna violacea.

Cartago in Costa Rica. 5000'. Irasu 8—9000'.

66. **Hexadesmia stenotepala** Rchb. fil. Bonplandia III. 21! Xenia I. 169. Tab. 59. II. 4. 5! Walp. Ann. VI. 469!: affinis Hexadesmiae crurigerae Lindl. foliis paulo latioribus, nunc longissimis, racemis a squamis parvis, brevibus paucis, imbricantibus tectis abbreviatis, tepalis linearibus medio paulo dilatatis, labello rhombeo retuso.

Praecedenti habitu simillima. Pseudobulborum stipites multo validiores, longiores. Pseudobulbi haud ita incrassati. Vaginae majores. Folia nunc subpedalia, aliquid latiora. Caules nunc novelli ex axillis foliorum vaginarumque, unde planta vultum Ponerae cujusdam assumit. Flores quam in praecedenti duplo minores. Mentum parvum. Sepala triangula. Tepala linearia medio paulo dilatata. Labellum rhombeum retusum. Columna ecornis.

Tortuga.

67. **Hexadesmia micrantha** Lindl. B. Reg. XXX. 1844. Misc. 5!: pseudobulbis fusiformibus, foliis linearibus apice minute bilobis, racemosa, multiflora, labello flabellato.

Hexadesmia micrantha Lindl. Rchb. fil. Xenia I. 170. Tab. 59. III. 6—16! Walp. Ann. VI. 469!

Radices adventitiae filiformes tenues. Pseudobulborum stipites teretiusculi multiarticulati. Pseudobulbi ipsi valde fusiformes sicci sulcati. Folia linearia apice nunc inaequali, nunc aequali minute biloba solitaria geminave pedunculo breviora. Pedunculus solitarius, nunc plures congesti(!), basi vaginulis membranaceis triangulis solitariis geminatis valde minutulis vestiti. Racemus multiflorus. Bracteae aristatae ovariis pedicellatis nunc subaequales. Flores minuti. Sepala lanceolata acuta. Tepala ovata acuta. Labellum flabellatum antice trilobo tridentatum, dentibus lateralibus obtusis, dente medio acuto. Columna clavata, limbus pone foveam porrectus crenulatus. Androclinium immersum, anguli gemini insilientes sub fovea. Mentum minimum. Flores albi labello ac columna viridibus.

Segovia.

Malaxideae.

68. **Lepanthes erinacea** Rchb. fil. Bonplandia III. 225!: effusa, affinis Lepanthidi monopterae Lindl.; quinquepollicaris, vaginis ostiisque magnis cordatis valde hispidis, folio pergameneo oblongo in apicem ligulatum apice triden-

tatum producto, racemis congestis abbreviatis, bracteis navicularibus acutis hispidis, sepalo superiori triangulo, inferiori bifido bis acuto, tepalis introrsum triangulis obtusis imbricantibus, labelli lobis triangulis.

Lepanthes erinacea Rchb. fil. Xenia I. Tab. 49. V. 16. 17. p. 151! Walp. Ann. VI. 198!

Planta valida. Flores flavi. Fundus tepalorum et labelli brunneus.

Turialva in Costa Rica.

69. **Lepanthes Turialvae** Rchb. fil. in Bonpl. III. 225!: effusa, similis Lepanthidi cochleariformi Sw. vaginis arctis, ostio tantum angusto microscopice muriculatis, folio ovato acuto bene limboso, racemi pectinati bracteis parvis muricatis, sepalo inferiori alte bifido, tepalis incisione triangula introrsa acuta bilobis, labelli lobis obtuse triangulis.

Lepanthes Turialvae Rchb. fil. Xenia Orchidacea I. 151. Tab. 50. V. 15. 16! Walp. Ann. VI. 198!

Caulis tres quatuorve pollices altus, incluso folio pollicem alto. Sepala carnea. Tepala flaveola, superne in angulo interno purpurea. Labelli lobi et columna purpurei.

Turialva in Costa Rica.

70. **Stelis** affinis **Stelidi pusillae** Hb. B. Kth.! sine flore. In monte Barba ad Cartago in Costa Rica.

71. **Stelis costaricensis** Rchb. fil. in Bonpl. III. 225!: affinis Stelidi lamellatae Lindl., compacta, caulibus secundariis laxe vaginatis, vaginis nervosis, folio subduplo-triplove brevioribus, folio carnosissimo, cuneato oblongo apice acute trimucronulato, racemo folio suo subduplo breviori, bracteis ochreatis distichis, tepalis truncatis cum mucronulo, labello ovato acuto utrinque ante basin calloso, callo utrinque a margine introrsum obtusangulo limbo squamuloso, canali inter callos. — Caulis duos usque quatuor pollices altus. Flores ex cl. Oersted icone viridiflavi.

Stelis costaricensis Rchb. fil. Walp. Ann. VI. 201!

Carthago in Costa Rica. Jan. 1847.

72. **Restrepia ujarensis** Rchb. fil. Bonpl. III. 225!: tenella vaginis amplis nervosis, folio lineari lanceo, racemis unifloris paucis seu solitariis, sepalo dorsali fornicato lanceolato, sepalis lateralibus lanceolatis, tepalis ligulatis acutis brevioribus, labello trilobo, lobis duobus medianis angulatis, lobo medio cuneato retuso, columnae androclinio producto lanceo.

Pleurothallis ujarensis Lindl. Folia II. Pleurothallis No. 104 p. 19! Walp. Ann. VI. 204.

Planta bi- — tripollicaris caespitosa habitu Lepanthidis seu Pleurothallidis tenuioris. Flores virides ex icone Oerstediana. Vaginae siccae fuscae amplae, dorso bene carinatae, acutae. Folium vix unciale, sat crassum, lineas duas- — tres latum. Flores octomeriacei minuti. Sepalum dorsale imbricatum super sepala lateralia. Columna gracilis.

Ujara in Costa Rica.

73. Restrepia ? sine flore. Vultus Restrepiae maculatae Lindl. Vaginae latae pallidissimae obscure vittatae.

In monte Candelaria. 8000'.

74. Pleurothallis (Elongatae Racemosae Disepalae) segoviensis Rchb. fil. Bonpl. III. 223!: affinis Pleurothallidi Ghiesbregbtii A. Rich. Gal. caulibus secundariis abbreviatis, folio anguste cuneato oblongo obtuse acuto, pedunculo gracili multifloro, sepalo inferiori lanceolato bidentato, tepalis falcatis acutis abbreviatis, labelli ungue margine papilloso, lamina cordata rotundata partitionibus lateralibus lanceis acutis antrorsis, partitione media oblonga obtuse acuta duplo brevioribus, columna clavata gracili, androclinio denticulato.

Pleurothallis Segoviensis Rchb. fil. Lindl. Folia II. Pleurothallis p. 37. No. 227. Walp. Ann. VI. 170!

Planta gracilis semipedalis. Caules secundarii omisso pedunculo vix pollicares. Folia tripollicaria. Pedunculus tenerrimus tertio inferiori paucivaginatus, sursum secundiracemosus. Bracteae ochreatae apiculatae. Flores bilabiati sicci violacei. Sepalum summum lanceum. Labelli lamellae marginales a lobi medii basi discum versus convergentes. Magnitudo florum Pleurothallidis saurocephalae Lindl.

In Segovia.

75. Pleurothallis (Aggregatae velutinae) Pantasmi Rchb. fil. Bonpl. III. 224!: affinis Pleurothallidi mesophyllae A. Rich. Gal. caulibus elongatis tripteris apice dilatato in folia oblonga acutiuscula dilatatis, spatha abbreviata, racemo solitario abbreviatissimo, sepalo inferiori bifido, tepalis rhombeis, labello ligulato basi utrinque angulato nervis 2 in basi lamellisque geminis, androclinii margine dentato.

Pleurothallis Pantasmi Rchb. fil. Lindl. Folia II. Pleurothallis p. 14. No. 69! Walp. Ann. VI. 177!

Insignis caule secundario sex- — septempollicari apice adeo alato dilatato, ut folium ipsum summa latitudine suprabasilari vix ter sit latius. Bracteae triangulae acutae. Spatha parva. Flores duplo minores, quam in Pleurothallide pubescente Lindl. illis Pleurothallidis mesophyllae aequales. Sepalum superius oblongum.

In monte Pantasmo in Nicaragua Januario 1848, nec non in Segovia.

76. Pleurothallis nicaraguensis Rchb. fil. Walp. Ann. VI. 171!: affinis Pleurothallidi incomptae Rchb. fil. foliis oblongoligulatis apice subemarginatis, inflorescentia folium aequante, sepalo superiori ovali obtuse acuto, inferiori subaequali latiori apice non emarginato, tepalis rhombeis obtusis, labello ovali medio utroqne latere emarginato, hinc trilobo, lobis lateralibus obtusatis, lobo medio ovali obtuse acuto, callis geminis in parte postica, androclinio tridentato. Physosiphon Nicaraguensis Liebm. (Mss. Ind. Sem. h. acad. Hauniens 1853). Ann. sc. nat. Ser. 4. t. I. p. 329!

Ex Nicaragua vivam attulit cl. Oersted.

77. Pleurothallis tribuloides Lindl. Gen. & Sp. Orch. 6! Epidendrum tribuloides Sw. Prod. 122! Dendrobium tribuloides Sw. Fl. Ind. Occ. 1525! Pleurothallis spathulata A. Rich. Ann. sc. nat. Ser. 3. III. 16! Pleurothallis fallax Rchb. fil. Bonpl. III. 224! Walp. Ann. VI. 181!

Humilis. Caespitosa. Caules secundarii brevissimi, vaginati. Folium spatulatum obtusum. Bracteae uti vaginae caulis scariosae albidae brevissimae. Flores subsolitarii. Ovarium papulis acutis hispidum. Sepala ligulata triangula, intus papulosa, sepalum inferius (unde fallacis nomen obtulisse aequum) nunc integerrimum, nunc bidentatum, nunc bifidum. Omnia minuta, intus papulosa. Tepala linearia acuta plus duplo breviora nunc medio acuta symmetrica, nunc asymmetrica inaequalia. Labellum ligulatum acutum crassiusculum velutinum, nunc apice obtusum, serrulatum, vulgo adeo fornicatum, ut limbus basin versus sit arrectus. Columna gracilis. Androclinii limbus quinquedentatus seu tripartitus; partitiones laterales semifalcatae, partitio postica semiovata denticulata.

Flos nonnullis notis excellens in genere. Ovarium prima anthesi papulis minutissimis onustum obtusatis, adeo breve, ut quasi annulum sub perigonio efficiat, dein extensum, papulis increscentibus hispidum. Mentum floris obliquum, obtusangulum, nec rectangulum. Planta mihi jam ab anno 1844 nota, sed tantum plurimis speciminibus plantisque vivis saepe observatis medius intellecta.

Adest Berolini typus Swartzii in herbario W. sub No. 16893. Specimina herbarii Swartziani Holmiensis mihi sunt ad manus.

Nuper in Cuba insula a Wrightio lecta (No. 663!) Faralones: ,,Epiphytal. Flowers vermilion-colour. Sepals (two lower united) tuberculate within on the upper half; lateral petals rugulose within, with innumerable shining facets. Lip curved towards the apex, and ciliate-serrulate on the edges. Petals, lip and column above half the length of sepals".

78. Microstylis Parthoni Rchb. fil. Walp. Ann. VI. 206! Microstylis histionantha Lk. Kl. Otto Ic. tab. 5! Lindl. Reg. XXVI. 1840. Misc. 214! Malaxis Parthoni Morr. Bull. acad. Bruxell. V. 486 cum icone. Forsan huc pertinet: ,,Epidendrum umbellatum" Vellozianum in Arrabida Fl. Fluminensi IX. t. 27. Certe erui vix potest quaestio, cum icon aeque manca sit ac reliquae operis

8*

magni icoues. Vidi olim specimen prope Corvo secco in silvis umbrosis Serrae d'Estrella lectum a b. Beyrich in herbario nobilis cl. de Römer asservatum, cujus iconem et analyses confeci. Ex loco forsan est planta Velloziana. Tum habui pro Microstylide Parthoni. Nunc mihi videtur alia species recentius indescripta. Recedit a Microstylide Parthoni labelli valde transversi ac retusi lateribus basin versus arrecto inflexis ac plica admodum mira discum labelli percurrente.

Ex Nicaragua allata genuina in horto Hauniensi floruit.

79. Bolbophyllaria Oerstedii Rchb. fil. Bonpl. III. 223!: similis Bolbophyllo clavato Thouars, tepalis triangulis nec linearibus, labello compresso cordato acuto limboso, per discum unicarinato.

Bolbophyllaria Oerstedii Rchb. fil. Walp. Ann. VI. 241!

Pseudobulbus tetragonus ultra pollicaris diphyllus. Folia ligulata acuta usque quadripollicaria, medio prope pollicem lata. Pedunculus basi paucivaginatus, superne clavato incrassatus, multiflorus. Bracteae triangulae acutae seu acuminatae ovariis subaequales membranaceae, siccae violaceo subirroratae visae. Sepala triangula acuminata. Commissura inter sepalum summum et sepala lateralia a geneticis squamis basi tecta. Tepala triangula. Labellum compressum cordatum limbosum acutum, per discum unicarinatum. Columna brevis introrsum antice bifalcata.

Ad Esquipulas in Segovia.

En speciem ineditam pluribus annis abhinc ex horto Schilleriano obtentam, adhuc ibi vigentem.

Bolbophyllaria aristata Rchb. fil. Mss.: tepalis spatulatis aristatis integerrimis seu serratis.

Pseudobulbus obtusissime pyriformi tetragonus diphyllus. Folia ligulata obtusiuscula. Pedunculus validus apicem versus clavato exampliatus, inferne vaginis distantibus vestitus. Bracteae triangulae obtusae acutae. Mentum obtusangulum. Sepala triangula acuminata viridulo-olivacea maculis sordide violaceo-purpureis. Tepala spatulata aristata integerrima hinc serrata. Labellum brevissime unguiculatum carnosissimum, medio carinatum, supra basin hastato erectum. Columna antice bifalcata. Squamulae adventitiae externae minutae.

Obs. Cl. Grisebach Bolbophyllariam ad Bolbophyllum infaustus reduxit („fl. of brit. W. Ind. isl." 613) ponens characterem „pollinaria incumbent." Pollinaria incumbentia numquam dici possunt, nam pollinarium est totus apparatus pollinicus. Massas pollinis seu pollinia, incumbere Orchidologi dicunt. Sed hic non est character. Squamulae adventitiae, quo perigonii adsunt partitiones octonae efficiunt characterem generis a me propositi.

III. Orchideae Wendlandianae.

Herr H. Wendland, Hofgärtner am Berggarten zu Herrnhausen, bereiste
im Auftrage seiner Regierung Guatemala und Costa Rica Ende 1856 bis über
die Mitte 1857, wesentlich um interessante lebende Pflanzen für das genannte
Institut zu gewinnen.

Wir verdanken bekanntlich dieser Reise die Einführung des jetzt schon
sehr verbreiteten Anthurium Scherzerianum Schott, mit dem scharlachrothen Blüthen-
bande. Dasselbe hat schon mehrmals auf Hamburger Blumenausstellungen gerecht-
fertigtes Aufsehen erregt und neulich bildete ein gewaltiges Riesenexemplar eine
der Zierden der grossen Londoner Ausstellung. Eine ganze Anzahl anderer
Seltenheiten, welche Herr Wendland heimbrachte, sind jetzt bereits in den bessern
Gärten aufgenommen.

Neben den lebenden Pflanzen sammelte Derselbe auch ein höchst interessantes
Herbarium mit ganz besonderer Berücksichtigung der Palmen, Orchideen, Farne.
Die Orchideen sind ungemein wichtig, weil die kleinsten Formen mit der grössten
Liebe aufgesucht wurden. Dass eine ganze Anzahl derselben für die Wissenschaft
gänzlich neu ist, bleibt um so weniger auffällig, als ausser Herrn Professor Oersted
wohl Niemand je in diesem Gebiete ihnen nachgespürt hat. Die älteren Sammlungen von Ruiz und Pavon, Hinds, Cuming, Hartweg und die der Indianer, die
für Herrn Skinner ärndteten, scheinen fast nichts dieser Art zu enthalten.

Ophrydeae Lindl.

1. Habenaria lactiflora A. Rich. & Gal. Ann. Sc. nat. 1845.
pag. 28. No. 98 var. buccalis: stigmatis cruribus majusculis, optime retusis.
„Blüthen hellgrün. Lippe weiss".
Aladhuela-Desengaño. 4. 8. 57.

2. Habenaria maxillaris Lindl. Hook. Journ. Bot. I. G. & Sp.
Rchb. 310!
Plantae habitus omnino Platantherarum convallariaefoliae Lindl.!, borealis
Rchb. fil.!, hyperboreae Rchb. fil.!, dolichorrhizae Rchb. fil.! Tuberidia forsan

non evolvuntur more Habenariae Michauxii Nutt.. Sesquipedalis. Folia ligulata acuta arrecta numerosa (8—9) in squamas decrescentia. Racemus cylindraceus valde densiflorus. Bracteae lanceolatae acutae flores aequantes. Sepalum dorsale ovatum seu tranverso ovatum cum apiculo parvo. Sepala lateralia oblonga apiculata. Tepala bipartita, partitione postica lancea acuminata, antica setacea sublongiori. Labellum tripartitum; partitio media ligulata acuta, partitiones laterales setaceae acuminatae subaequales. Calcar filiforme ovario subaequale. Anthera humilis. Crura stigmatica curvula obtusa.

„Blüthen gelbgrün." Am See von Dueñas. Guatemala 18. 1. 1857.

Obs. Num vere huc pertineat Platanthera foliosa A. Brogn. Voy. de la Coquille tab. 38- B. ego nescio. Specimina originalia non vidi. Icon refert racemum valde laxum et tepalorum partitiones multo latiores, obtusiores. Labelli partitiones laterales multo breviores, sed vix angustiores patitione media.

Neottiaceae Lindl.

3. **Prescottia colorans** Lindl. B. Reg. XXII. Tab. 1916! Gen. & Sp. Orch. 454! „Perigonium brunneum. Labellum viride."

Vulcan von Barba in Costa Rica. 11. 7. 1857. 9000′. Las Nubes Guatemala. 10. 1. 1857.

4. **Cranichis ciliata** Kth.! Syn. I. 324! Las Nubes Guatemala. 11. 1. 1857.

Valde mirum, plantam nunc in Guatemala lectam hucdum tantum in Columbia ac Ecuador ac Bolivia inventam (Humboldt & Bonpland! Hartweg! Jamieson! Bridges! Mandon!).

5. **Cranichis reticulata** aff. Cr. parvilabri Lindl.!: labello sessili ovato antice emarginato cum apiculo in sinu.

Folia petiolato cordata seu rotundato oblonga acuminata. Petioli vix pollicem longi, nec laminae longiores, tres quartas usque pollicis latae. Laminae monente cl. Wendland obscure virides flaveolo tesselatae. Et siccae quoque luride flaveolae cellulis supra rete nervorum ac cellulis appositis obscure viridibus. Pedunculus fere septem pollices altus, vagina una seu vaginis duabus more Cranichidis muscosae subfoliaceis. Racemus laxiflorus, secundiflorus. Bracteae ovatae apiculatae tertiam ovariorum pedicellatorum prope adaequantes. Flores bene „postici". Sepalum dorsale ligulatum acutum. Sepala lateralia ovata acuta mentum obtusum ultra insertionem efficientia. Tepala cuneato ovata obtusa, uti sepala quinquenervia. Labellum sessile obovatum, antice sinuatum, apiculo in sinu. Nervi longitudinales centrales confluentes nervis radiantibus plurimis. Foveae limbi haud multum prominuli.

„Erdorchideae. Blätter dunkelgrün 3—4″, mit gelben Feldern. Blüthe weiss mit grünen Längsstreifen. Sehr niedlich. Sehr selten." Desengaño in Costa Rica. 5. 8. 1857.

Obs. Simillima Cranichis parvilabris Lindl.! Facillime distinguitur pedunculo ovariisque glandipilibus ac labello pulcherrime lineari cuneato.

6. **Ponthieva guatemalensis:** aff. P. rostratae Lindl. labello laevi, nec verrucoso.

Planta ultra sesquipedalis. Radices filiformes dense papillosae. Folia rosulata cuneato oblonga, acuta, limbo crispula. Pedunculus calvus, superne puberulus, sub inflorescentia vaginis lanceo acuminatis subdistantibus tectus. Bracteae semilanceae acuminatae seu acutae trinerviae, nervis externis nervulosis ovaria pedicellata dimidio aequantes. Ovaria pedicellata anthesi densissime, serius parcius glandipilia. Sepala ligulata obtuse acuta extus bene glandipilia. Tepala supra basin columnae oblique inserta, unguiculata obtuse triangula, angulo recto obtuso labellum versus spectante, trinervia, seu binervia, nervo extimo simplici, nervis reliquis ramulosis, limbo interno papillis minutis ciliolato. Labellum breve unguiculatum, obovatum seu circulare, apice abrupte in ligulam linearem obtusam producto, quinquenerve. Columna stigmate ascendente, rostelli acumine arrecto. Fructus fusiformis.

„Blüthe weiss." In einer Barranca bei Guatemala. 16. 1. 1857.

Obs. Diu dubius haesi, quam haberem hanc plantam, cum speciem novam proponere noluissem. Videntur autem affines duo species bene recedere.

Ponthieva glandulosa R. Br. excellit labello longius unguiculato, ungue abrupto, disco laevi; ovariis multo longius pedicellatis. Specimina, quae prostant, sunt antillana. (Cuba Pöppig! Wright! Jamaica Wullschlägel!)

Ponthieva rostrata Lindl. Ann. Nat. Hist. 1845. Vol. XV. p. 385. a cl. Grisebach in Flora of the British West Indian Islands ad Ponthievam glandulosam infauste refertur. Recedit labello brevissime unguiculato, labelli lamina verrucosa. Quito Hartweg! (Schedula Lindl.!) Bogota Hartweg! (Schedula Lindl.!) Ecuador Jamieson! (Schedula Lindl.!) Merida Moritz! Caracas Wagener!

Forsan et huc pertinet specimen „St. Domingo" ex herbario Lehmanniano, omnino chartae adglutinatum. — Tepala vulgo bene ciliolata.

8. **Physurus vesicifer:** aff. Physuro minori Lindl. labello a latiori basi attenuato apice dilatato triangulo angulis lateralibus extrorsis, angulo medio porrecto.

Rhizoma calamum corvinum crassum. Folia distantia vagina brevi ampla, petiolo angusto, lamina cuneato oblonga acuminata, saepe inaequali. Lamina duos usque tres pollices longa, plus unum lata. Pedunculus, etiam flores inter, bene puberulus. Vaginae distantes acuminatae hyalinae, siccae rufidulae. Racemus elongatus, haud ita densus. Bracteae semilanceae, acuminatae, pilosulae, ovaria pedicellata glandipilia subaequantes. Sepala ligulata obtuse acuta. Tepala ligulata oblonga obtuse acuta, seu oblonga apicem versus attenuata. Labellum a latiori basi constrictum apice dilatatum utrinque et medio antice angulatum. Columna brevis rostello forcipato dentibus subulatis.

„Blüthe weiss. Blätter dunkelgefleckt, die Mittelrippe oft weiss gestreift." Vulkan von Barba in Costa Rica. 11. 7. 1857. 9000'.

9. **Physurus calophyllus :** aff. Physuro elatiori Rchb. fil. calcari clavato ovarium aequante, labello ligulato ante apicem constricto isthmo brevi angusto, partitione antica hastata acuta seu transversa, utrinque obtusa cum apiculo.

Specimina usque ultra pedalia. Folia distantia caulem calamum corvinum crassum vaginis amplexa, petiolata petiola angusto, cuneato oblonga acuminata superne pallide marmorata. Petioli prope pollicem, laminae usque pollices quatuor seu quinque longi. Pedunculus totus etiam intra flores minute puberulus. Vaginae ternae usque quaternae; oblongae acuminatae, pilosulae. Vagina infima apice herbacea, aliae totae submembranaceae, siccae rufulae. Bracteae lanceolatae acuminatae flores subaequantes. Ovarium pedicellatum velutinum. Sepala ligulata obtuse acuta. Tepala angusta spatulata obtuse acuta. Labellum cuneato ligulatum, ante apicem plus minus constrictum, apice ipso unguiculatum, ante unguem transverse ligulatum cum apiculo in medio. Columna brevis. Rostellum pronum biaristatum. Pollinia sessilia in caudicula vaginante glandula lineari supposita.

Costa de Congo, zwischen Cari Blanco und San Brigen in Costa Rica. 6. 8. 1857.

10. **Physurus tridax:** labello ligulato, apice hastato acuto, calcari filiformi cylindraceo acuto ovarium non aequante.

Folia a basi ima vaginante petiolata cuneato oblonga, acuta, limbo hinc undulata, supra obscure viridia, infra luride violacea, ultra pollicaria, vix dimidium pollicem lata. Pedunculus gracilentus parce pilosulus, vaginis distantibus obtuse acutis parce pilosulis. Racemus laxiflorus, parviflorus rbachi parce pilosula. Bracteae semilanceae acuminatae ovaria subaequantes. Ovarium subpedicellatum pilosum. Sepala ligulata obtuse acuta. Tepala a basi lineari spatulata dilatata obtuse acuta. Labellum lineari ligulatum apice hastato acutum. Calcar filiformi cylindraceum obtuse acutum incurvum ovario pedicellato bene longius. Rostellum dentibus duobus subulatis acuminatis.

Desengaño in Costa Rica 5. 8. 1857.

11. **Physurus loxoglottis:** labello ante apicem constricto, apice semiovato apiculato a constricta basi ampliato acuto; ovario subaequali.

Habitus Goodyerae repentis, sed flores subduplo minores. Rhizoma teres annulatum. Radices adventitiae pilosulae. Folia pauca basi ima vaginata, petiolata, laminis oblongis acutis, tria. Pedunculus pilosulus, vaginis arctis acuminatis paucis vestitus. Spica subcylindracea, pluriflora. Bracteae oblongolanceolatae, limbo hinc pilosulae. Ovaria parce pilosula. Sepala ligulata acuta. Tepala linearia acuta. Labellum cuneato oblongoligulatum, ante apicem constrictum, ibi semiovatum apiculatum; calcar a basi angustiori inflatum, apice acutum ovario brevius. Rostellum dentibus uncinatis geminis.

Barranca bei Guatemala. 16. 1. 1857.

12. Stenorrhynchus speciosus Rich. Orch. Eur. 37. Blüthe orangegelb oder ziegelroth.

Las Nubes Guatemala. 10. 1. 1857.

Obs. Utraque planta analysi scrupulosae submissa eosdem floris characteres obtulit.

13. Spiranthes Prasophyllum: affinis Spiranthidi costaricensi Rchb. fil. spica quaquaversa, tepalis cuneato spatulatis obtusis, labello unguiculato, sagittato, cruribus semilunatis obtusis, pandurato, portione antica reniformi.

Folia pauca, inaequalia; gemina magna, prope spithamam longa, petiolata, oblongoligulata, acuta, usque sesquipollicem medio lata. Pedunculus parce puberulus, vaginis arctis apice libero acuminatis vestitus. Racemus pluriflorus, haud ita densiflorus. Bracteae cuneato oblongae acuminatae, flores, saltem ovaria pedicellata aequantes. Ovaria pedicellata subcalva. Sepala triangula ligulata acuta extus pilosa. Tepala linearia apice dilatata, obtusata. Labellum unguiculatum, sagittatum, cruribus semilunatis obtusis, panduratum, portione antica reniformi. Rostellum triangulum obtuse acutum. — Mentum vix prosiliens.

Blüthe weiss. An Stämmen zwischen der Hacienda de Pantaleon und Sapote in Guatemala. 20. 1. 1857.

14. Spiranthes sceptrodes Rchb. fil. Bonplandia III. 214! cf. supra pag. 46.

Blüthen ockergelb mit dunklern Streifen oder frisch grün.

Oratoria in Guatemala. 5. und 6. 2. 1857.

15. Spiranthes hemichrea Lindl. Orch. 473!

En novam descriptionem. Aphylla? Pedunculus calamum aquilinum crassus, bipedalis, vaginis crebris vestitus superne fissis, acutis, summis basin usque fissis; inferioribus siccis argyreis, illis Chloraearum seu Alliorum similibus. Spica densiflora. Bracteae oblongo rhombeae acuminatae, alabastra tegentes, flores excedentes. Ovaria glabra. Perigonium cum ovario angulatum. Sepala ovata obtuse acuta. Sepalum summum galeatum, quinquenervium, nervis parallelis crebris interpositis, abrupte ante medium sepalum desinentibus. Sepala lateralia in medium ovarium decurrentia. Tepala ligulata rhombea, cuneato ligulata obtuse acuta utrinque medio obtusangula. Labellum brevissime unguiculatum, brevissime sagittatum, pandurato ligulatum acutum, nunc antice trulliformi hastatum, utrinque a basi medium versus velutinum, callo corniformi intramarginali retrorso inter limbum antebasilarem et medium utrinque. Columnae brevis rostellum porrectum emarginatum. „Blüthen grünlich". Las Nubes in Guatemala. 12. 1. 1857.

16. **Spiranthes trilineata** Lindl. in Bentham Plant. Hartwg. fasc. 2. 1842. p. 94!

En descriptio. Radices fasciculatae fusiformes acutae subpollicares. Caulis basi rosula foliorum emarcidorum onustus. Vaginae latissimae apertae, laminae lineari lanceae angustissimae convolutae. Caulis vaginis hyalinis acuminatis nonnullis approximatis vestitus. Racemus pluriflorus, haud ita densiflorus, quaquaversus. Bracteae oblongae acuminato aristatae ovaria pedicellata subaequantes, uti rachis calvae. Sepala lineariligulata, acuta, calva, sicca alboflavida, lateralia longe usque ad ovarium medium descendentia. Tepala a lineari basi rhombeo dilatata, obtuse acuta. Labellum unguiculatum, brevi sagittatum, utrinque corniculo brevi; lamina subrhombea undulata. Linea velutina utrinque in basi. Rostellum cuspidatum.

Ill. Lindley labellum dixit barbatum, quod nimis praegnanter expressum judicaverim, ipsius b. viri analysi ad manus posita.

Hacienda de Naranjo in Guatemala. 6. 1. 1857.

17. **Spiranthes Thelymitra**: aff. Spiranthidi trilineatae Lindl. labello multo angustiori ante apicem rotundatum utrinque constricto, rostello utrinque angulato, medio longe rostrato.

Aphylla videtur. Caulis nunc filiformis, nunc crassior. Vaginae cuspidatae tenues distantes, inferiores ampliores. Spica pluriflora. Bracteae semilanceolatae acuminatae ovaria calva rostrata aequantes. Sepala ligulata acuta, trinervia. Tepala spatulata obtuse acuta. Labellum unguiculatum, sagittatum, cruribus retrorsis linearibus obtusiusculis, cuneato ligulatum, ante apicem constrictum, semilunatum. Rostellum utrinque angulatum, medio longe rostratum.

Sepala lateralia ovarii collo longe adnata.

Bei Oratoria und Yalpataqua in Guatemala. 7. 2. 1857.

18. **Spiranthes** (Sarcoglottis) **assurgens**: aphylla, racemosa, ovario rostrato, sepalis lateralibus deflexis, curvatis, labello unguiculato, sagittato, apicem versus angustato, apice ipso sagittiformi.

Aphylla. Pedunculus ultra pedalis validiusculus basin versus minus, superne et inter flores praecipue densissime pilis abbreviatis patulis seu deflexis hispidulus. Vaginae numerosae herbaceo membranaceae ciliatulae, pilosulae. Racemus laxiusculus. Bracteae a basi sessili semilanceolatae acuminatae tri- — quinquenerviae pilosulae. Ovaria pilosula pedicellata ad collum usque sepalorum attingentia. Perigonium assurgens, curvatum Corymbidis more, extus pilosulum. Sepalum dorsale cuneato oblongum acutiusculum fornicatum. Sepala lateralia angustiora, ligulata, acuta, incurva, deflexa. Tepala ligulata obtuse acuta, in ovario descendentia. Labellum unguiculatum, acute retrorseque sagittatum, a latiori basi angustatum usque ad apicem sagittato trulliformem. Rostelli processus ligulatus retusus (?). Der leider in Folge Moderns sehr ungünstige Zustand der Exemplare lässt mich über mehrere Einzelheiten dieser höchst ausgezeichneten Pflanze in Unklarheit. „Gelbgrün". Oratoria in Guatemala. 5. 2. 1857.

19. **Spiranthes** (Sarcoglottis) **gutturosa:** caule squamato apice spicato, gutture obtusangulo ex medio ovario prosiliente, labello unguiculato basi sagittato, antrorsum dilatato apice rhombeo.

Aphylla! (scil. rosula foliorum evolutorum nulla?) Pedunculus bene ultra pedalis, calamum anserinum crassus, vaginis hyalinis oblongis acuminatis crebris ac subimbricantibus vestitus, apice glandipilis intra flores. Bracteae cuneato oblongae acuminatae, disco externe ac limbo parce pilosulae. Ovaria brevi-pedicellata, inflata, puberula. Sepalum dorsale ligulatum, acutum. Sepala lateralia subaequalia, ante medium ovarium in gibber obtusangulum exeuntia, glandipilia. Tepala lineari rhombea, obtuse acuta, trinervia. Labellum unguiculatum, basi sagittatum, cruribus linearibus obtusatis, cuneato ligulatum, apicem versus dilatatum, ipso apice rhombeum, transversum. Columnae rostellum retusum emarginatum.

St. Vincent Salvador. 13. 2. 1857.

20. **Spiranthes** (Sarcoglottis) **longipetiolata:** aff. Spiranthidi (Sarcoglottidi) novofriburgensi Rchb. fil. petiolis lamina oblonga acuminata subcordata plus duplo longioribus, cuniculo ovarii libero acuto (nec obtuso), labelli sagittati auriculis ligulatis obtuse acutis, lamina apice triloba.

Radices cylindraceae. Foliorum (geminorum in speciminibus, quae sunt ad manus) petioli angusti, spithamaei, imo longiores. Laminae oblongae acutae, 5—6 pollices longae, subinaequales, multinerviae. Pedunculus infra calvus, intra flores pilosulus, usque ad inflorescentiam vaginis hyalinis, longe apertis, lanceo acuminatis, distantibus. Racemus pluriflorus. Bracteae lineares acuminatae flores subaequantes hinc subpuberulae. Ovaria pedicellata et sepala extus puberula. Sepala ligulata acuta, lateralia usque supra basin ovarii adnata, ibi in cuniculum acutum exeuntia. Tepala unguiculata rhombea, binervia. Labellum unguiculatum, sagittatum, a lineari basi spatulatum, antice trilobum. Sagittae crura linearia, obtuse acuta plica ante apicem transversa; plica transversa medio antrorsum acuta, utrinque introrsum curvata ante lobum medium obscurum. Rostellum retusum medio lineari lanceum.

„Blüthe grün, aber Lippe weiss". Turialba in Costa Rica. 27. 3. 1857.

9 *

Arethuseae (Lindl.) Rchb. fil.

21. Sobralia lepida: aff. Sobraliae Fenzlianae Rchb. fil. bracteis heliconiaceis lanceis acutis congestis, flore illi Sobraliae decorae aequali, labello lato ligulato, trilobo, lobis lateralibus obtusangulis, lobo medio subaequilato porrecto crenulato emarginato. Ultra pedalis. Vaginae verruculosae. Folia cuneato oblonga acuminata apice minute tridentata, plicata; in caule unico tria magna, quinque-usque sexpollicaria. Folium summum multo minus. Sequuntur bracteae siccae castaneae. Sepala oblongolanceolata acuta. Tepala oblonga obtuse acuta. Labellum descriptum. Columna apice valde ampliata, ceterum gracilis, apice tridentata; dens posticus parvus, dentes laterales falcati retrorsi.

„Dunkellila." Desengaño in Costa Rica. 1. 6. 57.

22. Sobralia leucoxantha: typus novus juxta Sobraliam macrophyllam Rchb. fil. foliis cuneato oblongis acuminatis plicatis; bracteis heliconiaceis congestis, labello oblongoflabellato antice bilobo crenulato per lineam mediam unicarinato, circa columnam voluto. Caulis pedalis vel ultra pedalis. Vaginae bene nervosae nigro verrucosae. Folia cuneato oblonga longe acuminata, apicibus retusiuscula, plicata. Bracteae spathaceae acutae congestae scariosae fusco maculatae pallide ochroleucae statu sicco. Flores illis Sobraliae Fenzlianae aequales. Sepala oblongoligulata apiculata. Tepala subaequalia subbreviora. Labellum descriptum. Columna crassa clavata apice tridentata dentibus conniventibus, labello plus duplo brevior.

„Blüthen weiss, Lippe gelb." Desengaño, Cari Blanco in Costa Rica. 6. 8. 57.

23. Sobralia Lindleyana Rchb. fil. supra pag. 6.
Aladhuela Desengaño in Costa Rica. 4. 8. 57.

24. Crybe rosea Lindl. supra pag. 10.
In einer Barranca bei Guatemala. 16. 1. 57.

Vandeae Lindl.

25. Notylia bicolor Lindl. Benth. Plant. Hartwg. 1842. p. 93!: foliis equitantibus ensiformibus ligulatis acuminatis, columna medio angulata, labello libero breviter unguiculato ligulato ante apicem sagittato, apice setaceo ecarinato, longiore.
Notylia bicolor Lindl. Rchb. fil. Xenia I. 46! Walp. Ann. VI. 670!
Radices adventitiae tenues filiformes calvae striatae ex vaginis vetustis. Folia vegeta quina sex usque, acinaciformia latiuscula, brevia, acuta seu acuminata, usque ultra pollicaria, ornithocephalina. Innovatio ex axilla folii veteris. Racemus

pluriflorus. Bracteae lanceo acuminatae subscariosae uninerves, anthesi deflexae, post anthesin erectae. Ovaria pedicellata capillaria bracteas bene excedentia. Perigonium tenuissimum. Sepala linearisetacea, inferiora ima basi in unguem angustissimum coalita. Tepala paulo latiora, breviora, lazulinoviolacea. Labellum ejusdem coloris, supra descriptum. Columna pallida. Anthera maxima, dimidiam columnam excedens. Capsulae videntur sphaericae fuisse perigonio emarcido ac columna persistente coronatae.

Planta hucdum semel tantum a Hartwegio lecta.

Las Nubes Guatemalae. 10. 1. 1857.

26. Notylia trisepala Lindl. Paxt. Fl. Gard. III. p. 45! Rchb. fil. Xenia I. 49! Walp. Ann. VI. 675!

Radices adventitiae filiformes more Aëranthi cujusdam multiflexae, ramosae. Vaginae fultientes triangulae carinatae, margine membranaceo interno. Pseudobulbi ligulati, sicci tandem pluricostati. Folium basi unguiculatum cuneato oblongum acutum apice obliquum. Pedunculus crassior, deflexus. Bracteae setaceae deflexae. Flores parvi. Sepalum dorsale lanceum apice recurvum. Sepala lateralia deflexa, subaequalia, medium usque connata. Tepala cuneato ligulata acuta. Unguis labelli in carinam laminae trulliformis, utrinque medio emarginatae transcedens. Columna calva.

Am Rio Sucio in Guatemala. 9. 2. 1857.

27. Trichopilia Turialbae Rchb. fil. Hamb. Gartz. XIX. 1863.

p. 11! Xenia II. 104!: pseudobulbis lineariligulatis, foliis planis pergameneis, labello apice sinuato bilobo, basi vix bifoveato, cuneato flabellato trilobo lobis lateralibus obtusatis dilatatis, lobo medio angustiore antice emarginato, basi columnae carinae ope adnato brevi, anthera acuta, carina per dorsum humili supra antherae apicem in apicem humilem exeunte, sepalis tepalisque cuneato lineariligulatis acuminatis.

Pseudobulbi ancipites. Folium a basi attenuata oblongo ligulatum acuminatum. Pedunculi erecti vaginis duabus spathaceis acutis vix punctatis. Bractea ampla vaginata obtuse acuta pedicellum aequans. Sepala et tepala cuneato lineari ligulata acuminata flavida. Labellum croceum cuneato oblongum, antice trilobum; lobi laterales obtusanguli, lobus medius angustior, rotundatus, bilobus. Columna validiuscula, buccae foveae prope horizontales fovea oblonga. Androclinii membrana alta, quadrifida, serrulato fimbriata, anthera fere Trichopiliae maculatae, carina tamen humiliore.

Turialba in Costa Rica. 27. 3. 1857.

Obs. Trichopilia Turialbae Bat. in Bot. Mag. 1865. 5550 non est vera planta, sed infaustum synonymum Trichopiliae Galeottianae A. Rich.

28. **Odontoglossum stellatum** Lindl. cf. supra p. 13.
Las Nubes in Guatemala. 9. 1. 1857.

29. **Odontoglossum cordatum** Lindl. B. Reg. 1838. Misc. 90!
Knowles & Westc. Floral Cab. 100! Pescatorea Tab. 26! Lindl. Folia I. Odontoglossum No. 12!
Odontoglossum maculatum Bot. Mag. 4878!
Odontoglossum Lüddemanni Regl. Gartenfl. 1859. Taf. 275!
Odontoglossum Hookerii Lem. Ill. Hort. III. Misc. pag. 41!
Las Nubes in Guatemala 9. 1. 1857.

Obs. Lemairius ex Odontoglosso maculato Bot. Mag. construxit Odontoglossum Hookerii Lem. sese Odontoglossum maculatum Lindleyanum nosse simulans. Anno insequenti tamen Odontoglossum maculatum Lindleyanum quasi novam speciem descripsit! Odontoglossum anceps Lem. Ill. Hort. IV. Tab. 128!

30. **Odontoglossum Schlieperianum** Rchb. fil. Mss. Gardn. Chronicle 1865 p. 1082: aff. Odontoglosso Insleayi Lindl. labello basi utrinque semiovato, carina baseos centrali lineari, carinula crenulata utrinque retrorsa, lamella semioblonga apice utrinque juxta carinam, columnae basi aequali tabulam non proferente.

Odontoglossum grande pallidum Klotzsch! in Hort. Berol.
Habitus, pseudobulbi, folia, inflorescentia omnino O. Insleayi. Sepala oblongoligulata acuta, lateralia deflexa. Tepala latiora acuta. Omnia pallide flavidomellicoloria, vittis cinnamomeis in basi inferiori. Labellum angustum panduratum, basi auriculis obtusangulis retrorsis (erectis), apice dilatatum, emarginatum. Color idem, ac ille sepalorum tepalorumque, flavido mellicolor, basi fasciis cinnamomeis, quales vulgo a pictoribus Anglis kermesino colore pingi solent. Columna humilis, apice utrinque brachiata, tabula prominente subposita nulla.

Species multum ludens a me ex undecim annis observata antequam publici facta est juris. Diu nescivi, num tres species distinguendae, num una. Labella reperi nunc auriculis retrorsis ligulatis retusis, nunc tantum obtusangula; apice vulgo biloba, imo bifida, nunc integra. Systema callorum semper pentamerum, ita, ut juxta carinam centralem antice et postice laterales carinae excurrant. Carinae laterales posticae lobulatae seu angulatae, antice nunc integrae obtusangulae, nunc pleiodactylae. Columna gracilenta. Foveae limbus inferior velutinus. Sepala lateralia basi nunc connata reperi.

Odontoglossum Insleayi verum tantum ex Mechoacan Mexici (Ghiesbreght!) obtuli. Nunc in hortis perrarum, hyeme floret, dum Odontoglossum Schlieperianum aestate floret.

Hoc obtinui ex hortis Linden Bruxellensi, Reichenheim Berolinensi, Day Londinensi, Schiller Hamburgensi, Schlieper Elberfeldensi.
Ueber Carthago in Costa Rica. 4. 7. 57.

31. **Odontoglossum Bictoniense** Lindl. cf. supra p. 14.
Las Nubes in Guatemala. 11. 1. 57.

32. **Odontoglossum Oerstedii** Rchb. fil. cf. supra p. 15. 47.
Irazu in Costa Rica. 9000'. 14. 4. 57.

33. **Oncidium pusillum** Rchb. fil. Walp. Ann. VI. 714! Epiden-
drum pusillum L. Sp. Pl. 1352! Cymbidium pusillum Sw. Nov. Act. Ups. VI. 74!
Oncidium iridifolium H. B. Kth. Syn. I. 333! Lindl. G. Sp. O. 202! Fol. Orch. I.
Oncidium No. 26!
Hacienda de Mico in Guatemala (Oncidium glossomystax Skinner!). Auf
einem Limonenbaume. 20. 12. 56.
La Virgen in Costa Rica. 23. 5. 57.

34. **Oncidium crista galli** Rchb. fil. in v. Mohl & v. Schldl.
Bot. Ztg. 1852. p. 697. (Pentapetala macropetala): pusillum, pseudobulbiferum,
foliis cuneato ligulatis acutis acuminatisve, pedunculis folia vix excedentibus apice
racemosis, bracteis ochreatis spathaceis elongatis, sepalis oblongis acutis, lateralibus
nunc basi connatis, nunc liberis, tepalis oblongis apiculatis seu acutis, labelli laciniis lateralibus posticis cuneato ovatis, lacinia antica lato unguiculata aequilata
triloba, lobis lateralibus semiovatis, lobo antico bifido lacinulis antrorsis porrectis
obtusis, callo baseos depresso lamella minori utrinque majori lamellae imposita,
ligula porrecta antice retusiuscula, quadridentata, seu pluridentata, alis columnae
humillimae semiovatis denticulatis seu integris, rostello ornithorrhyncho.
Oncidium iridifolium Lindl. Bot. Reg. XXII (IX) 1836. 1911! (excl. Syn.).
Oncidium decipiens Lindl. Folia I. Oncidium No. 68!
Oncidium crista galli Rchb. fil. l. c. Walp. Ann. VI. 746!
Planta elegans, valde tenella, ut mirum sit, in Anglia triginta annis abhinc
jam floruisse. Folia pseudobulbi stipantia quaterna, imo sena, septena, basi vaginae
loco dilatata, sed numquam articulata, raro latiuscula, vulgo bene angusta. Radices
adventitiae filiformes valde tenues. Pseudobulbus anceps ovatus bene rugosus, in
uno tantum specimine, quod est praesto folium unum evolutum fert foliis reliquis
duplo brevius; in omnibus reliquis speciminibus praesto est apiculus, rudimentum
folii. Pedunculi sat numerosi, nunc quatuor in una planta.
Huc pertinent specimina mexicana: 5289. Oaxaca 4000' Galeotti! Talea,
Oaxaca 5289. Jürgensen! (13 specimina possideo).
„Blüthe reingelb" (In Bot. Reg. tepala maculata)!
Turialba in Costa Rica. 24. 3. 57.

35. **Oncidium juncifolium** Lindl. Coll. Bot. p. 27! Epidendrum
juncifolium L. Sp. II. 1351! Cymbidium juncifolium W. Sp. IV. 102! Oncidium
Ceboletta Sw. Act. Holm. 1800. p. 240. Lindl. G. Sp. Orch. 206! Folia I Oncidium No. 42! Lindl. B. Reg. 1994! Hook. B. Mag. 3568! Walp. Ann. VI. 720!
Santa Lucia in Costa Rica. 20. 1. 57.

36. **Oncidium maculatum** Lindl. Sert. Orch. sub t. 48! Cyrtochilum maculatum Lindl. B. Reg. 1838. t. 44! Sertum Orch. 25! Hook. B. Mag.
3836! Lindl. Folia I. Oncidium No. 113! Walp. Ann. VI. 754!
Guatemala. 8. 1. 57.

37. **Oncidium bicallosum** Lindl. in Benth. Pl. Hartw. p. 94!
B. Reg. 1843. t. 12! Hook. B. Mag. 4148! Lindl. Folia I. Oncidium No. 135!
Walp. Ann. VI. 785!
Am Fuss der Las Nubes in Guatemala. 12. 1. 57.

38. **Oncidium pachyphyllum** Hook. B. Mag. 3807! Lindl. Folia I.
Oncidium sub 134! Walp. Ann. VI. 784!
Guatemala. 6. 1. 57.

39. **Oncidium tricuspidatum**: aff. Oncidio carinato Knw. Westc.
labello ante basin ascendentem deflexo cuneato dilatato bilobo, callo in basi rotundo
tumore anteposito bilobo, columnae brachiis falcatis, rostello ornithorrhyncho bifido
subaequalibus.

Pseudobulbus ligulatus monophyllus pollicaris. Folium cuneato oblongum
acutum, valde coriaceum, siccum multistriatum ac favulosum, duos usque quinque
pollices longum, plus unum latum. Folium stipans, inferius, vulgo melius evolutum.
Vaginae stipantes pedunculi scariosae acuminatae, punctis atratis creberrimis.
Pedunculus validus usque bipedalis, robustus, vaginis distantibus acutis, sursum
paniculatus. Rami plures crassi, longiores, breviores. Bracteae triangulae carinatae
ovariis pedicellatis bene breviores seu subbreviores. Sepala ligulata acuta; lateralia
supra nervum medium carinata. Tepala breviora obtusiora. Labellum basi arrectum,
statim deflexum, subflabellato bifidum laciniis anticis obtusangulis, callo semiro-
tundo in basi, callo simili bilobo anteposito. Columnae breviusculae tabula nulla,
falces duae apicem versus rostellum ornithorrhynchum bifidum includentes. Sub
fovea basin usque columnae carina mediana excurrit.
„Hülle braungelb, Lippe gelb. Alles mit röthlichen Punkten."
Cartago in Costa Rica. 30. 3. 1857.

40. **Jonopsis utricularioides** Lindl. Coll. Bot. 39 A! Epiden-
drum utricularioides Sw. Prod. 122! Dendrobium utricularioides Sw. Fl. Ind.
Occ. 1531! Jonopsis tenera Lindl. B. Reg. 1904! Paxt. Fl. Gard. ic. 141!
Lindl. Folia I. Jonopsis No. 6! Walp. Ann. VI. 684!
Oratoria in Guatemala. 6. 2. 1857.

Meiracyllium Rchb. fil.

Xenia Orchidacea I. p. 12! Walp. Ann. VI. 859!

Perigonium subcarnosum connivens. Sepala ac tepala subaequalia, oblongolanceolata acuminata, sepala lateralia basi gibba. Labellum naviculare varie acutum,

basin columnae amplectens. Columna nana; androclinii squama postice antherae basin tegens; processus rostellaris linearis summo apice dilatatus, bifidus. Anthera depresso pyriformis, octolocellaris. Loculi postici minores. Pollinia quaterna postica et quaterna antica collateralia in caudicula simplici, apicem versus libera, glandula sphaerica parva.

En genus a Ruizio et Pavonio lectum, a me in herbario Boissieriano indagatum, cujus nec patria, nec pollinarium cognita fuerant, tandem iterum investigatum nova specie superaddita.

41. Meiracyllium trinasutum Rchb. fil. l. c. & Xenia I. tab. 6. II. 8—12!: foliis rotundis, uti in Pleurothallide testaefolia imbricantibus, labello simpliciter acuto.

Rhizoma calamum corvinum crassum, obtusangulo flexum, vaginis acutis fusco annulatis tectum, radicibus adventitiis numerosis perforatum. Folia omnino oblique inserta, rotunda, cutis rhinozerontinae instar sicca favosa ac rugosa. Racemus pauciflorus. Bracteae triangulae apiculatae ovariis pedicellatis multoties breviores. Flores illis Sophronitidis cernuae subaequales.

„Blüthe violettröthlich."

Guatemala.

42. Meiracyllium Wendlandi: foliis cuneato oblongis apiculatis distantibus, labello retuso, medio abrupte acuminato.

Rhizoma rectum seu fractiflexum vaginis apice fuscatis densissime vestitum. Radices adventitiae crassiores. Folia ultra pollicaria, cuneato oblonga seu obovata apiculata, inferne limbo violaceo aspersa. Tela haud ita crassa fuisse visa, ac in foliis praecedentis, cum folia haud ita sint rugosa. Racemus pauciflorus. Bracteae triangulae ovariis longipedicellatis multoties breviores, minores, quam in praecedenti. Ovaria pedicellata longiora, quam in praecedenti, pollicaria. Sepala ligulata acuta, lateralia basi gibba. Tepala ligulata rhombea subbreviora. Labellum flabellatum retusum cum apiculo abrupto in medio. Columna brevis, illi praecedentis speciei subaequalis, fovea supra basin. Anthera pyriformis per lineam mediam carinata. Cl. detectori inscriptum.

„Blüthe roth."

Rio Sucio in Guatemala. 10. 2. 1857.

43. Catasetum (Monachanthus) **dilectum:** racemo plurifloro cernuo, bracteis linearibus acutis, sepalis ligulatis acutis, tepalis cuneato oblongis apiculatis, labello carnoso plano, antice retuso nunc cum apiculo, carina elevata in basi utrinque, anteposita carina transversa medio centrum versus umbonata, columna lata crassa basi ecirrhosa.

Folia genetica ultra bipedalia. Pedunculi sex usque septem pollices longi. Vaginae tres quatuor usque amplae cucullatae acuminatae seu acutae, infimae

approximatae. Racemus densiflorus, subcapitatus. Flores illis Cataseti Warscewiczii Lindl. paulo majores. Bracteae ovaria pedicellata nunc subaequantes. „Blüthe schneeweiss. Lippe mit blassgelb."
Cari Blanco in Costa Rica. 10. 5. 1857.

44. Mormodes Wendlandi Rchb. fil. in Walp. Ann. VI. 581!: sepalis tepalisque lanceolatis acuminatis, labelli ungue laminae triangulae acuminatae subaequali utrinque dente parvo antrorso juxta angulum lateralem praeditae.

Pedunculus ultra pedalis racemosus. Bracteae ovatae ovariis pedicellatis quater usque quinquies breviores. Pedicelli brunneo multipunctati. Ovaria viridia. Sepala ac tepala sublatiora lanceolata, acuminata, flaveola, lineis cinnamomeis nunc interruptis notata. Labellum a basi unguiculari rhombeo dilatatum, transversum, utrinque dente obtusangulo auctum, antice in cuspidem extensum, foveola impressa pone centrum; luteum, lineis punctorum atropurpureorum notatum. Columna vertice cuspidata; androclinium cucullatum, rostellum crassum retusum; fovea oblonga, fundo longitudinaliter sulcata.

Planta peregria detectori inscripta.

Naranjo in Costa Rica (Specimina sicca spontanea non prostant. Habeo pedunculum, qui floruit in horto Herrenhusano).

Icones.

Tabula VII: **Mormodes Wendlandi** Rchb. fil. Racemus. 1. Labellum explanatum. 2. 3. 4. Columnae antice dejectis antheris. 5. Anthera antice +. 6. Anthera postice +. 7. Pollinarium +. Vides protuberantiam in caudicula.

45. Lacaena spectabilis Rchb. fil. supra p. 24.
„Blüthe blassviolettblau mit dunklern Flecken."
Naranjo in Costa Rica. 3. 7. 1857.

46. Zygopetalum Wendlandi: aff. Zygopetalo aromatico Rchb. fil. sepalis lateralibus deflexis, labello basi utrinque juxta unguem retrorse acuto angulato, dein paulo constricto antice cordato toto limbo antico multilobulato, callo baseos semilunato, lamellis quinis medianis longioribus, reliquis in cornubus posticis labelli decrescentibus, columna juxta foveam utrinque quadrangulo producta.

Habitus omnium Warscewiczellarum. Folia cuneato oblongoligulata acuta. Pedunculus medio vagina ampla acuminata; apice spathis duabus membranaceis ovarium pedicellatum subaequantibus. Flos illi Zygopetali discoloris aequalis. Sepalum dorsale ac tepala arrecta, sepala lateralia deflexa, hinc perigonium labello incluso quasi trilabiatum. Flos albus disco labelli antico violaceopurpureo. Caudicula pentangula glandula supposita. Labelli pars posterior crassior, quam anterior.

Flores vivos obtinui ex horto Herrenhusano. Olim putavi esse Zygopetalum aromaticum. Flos exsiccatus tamen aeque ac pictura Warscewicziana perigonio stellato ac labello adeo differunt, ut nova species nunc mihi planta videatur. In montis Irazu pede (Specimina spontanea non suppetunt).

47. **Zygopetalum discolor** Rchb. fil. supra pag. 27. 48. Zwischen Cartago und Naranjo in Costa Rica. 29. 3. 1857.

48. **Govenia quadriplicata**: racemo paucifloro, labello late oblongo, medio antico utrinque transverse implicato, plica in disco utrinque curvula, plicis medio subcontiguis, columna incurva, anthera apiculata apiculo parvo.

Ultra bipedalis. Pars bulbosa cylindracea fuisse videtur. Folia a cuneata basi oblonga acuta, ultra pedalia, quatuor usque pollices lata. Pedunculus ex vagina lateralis apice racemosus. Bracteae lanceo acuminatae ovariis pedicellatis paulo breviores. Sepalum dorsale lanceolatum acutum fornicatum. Sepala lateralia decurva. Tepala curvula angustiora subbreviora. Labellum ab ungue dilatatum, non cordatum, sat latum, antice medium versus plica insilienti introrsa plicatum, apiculatum, plicis disci geminis, conniventibus arcubus medianis suis. Columna clavata. Anthera minute apiculata.

Govenia superba, nisi Lexarzae, certe Lindleyi labellum gerit basi sagittato cordatum, plicis incurrentibus nullis, plicis longitudinalibus basi divergentibus, ceterum parallelis.

Govenia fasciata Lindl., quae procul dubio Govenia est tingens Poepp. Endl. etiam caret plicis lateralibus insilientibus et gerit labellum praeterea basi cordatum, per longitudinem aequilatum.

Plicas illas insilientes semper observavi in Govenia deliciosa Rchb. fil. ac in planta vulgari mexicana, de qua alio loco dicam.

Irazu in Costa Rica. 14. 4. 1857.

49. **Ornithidium anceps:** caulibus ancipitibus vaginis distichis triangulis ancipitibus dense vestitis, pseudobulbis lateralibus, oblongo ligulatis retusis monophyllis, foliis a basi unguiculari oblongoligulatis acutis, floribus in axillis fasciculatis, labello late ligulato antice trilobo, lobis lateralibus obtusangulis, lobo medio triangulo, callo transverso, retuso inter lobos laterales.

E grege Ornithidii vestiti. Caules ancipites, vaginis triangulis ancipitibus dense nervosis vestiti, aequalibus, tandem pseudobulbiferi supra paria sex usque sedecim vaginarum aequalium. Pseudobulbi a vaginis majusculis stipati ipsis longioribus ligulati ancipites retusi monophylli. Folium a basi cuneata angusta oblongoligulatum acutum. Flores capitati congesti. Mentum modicum. Sepalum dorsale oblongum apiculatum. Sepala lateralia multo latiora apiculata. Tepala ligulata imo sepalo impari bene angustiora, breviora, apiculata. Labellum late cuneatum, membranaceum, lobi laterales antici obtusanguli, lobus medius semiovatus apiculatus

10*

seu acutus callo transverso retuso per basin lobos laterales connectente; hic et lobus anticus carnosi. Columna apice tridentata. Radices adventitiae tenuissimae paucissimae.

Flores pallide ochracei.

Cartago in Costa Rica. 4. 7. 1857.

50. Ornithidium fulgens: pseudobulbis nullis, foliis congestis distichis lineariligulatis elongatis, floribus axillaribus congestis, labello sessili basi excavato ligulato curvato antice emarginato disco incrassato, columna apice et basi antrorsum gibberosa.

Planta validissima. Caules lignosi calamum gryphinum crassi vagina folii elongata tecti lamina dejecta. Folia fasciculata, disticha, utrinque usque quina, inferiora vaginae tantum laminis articulato dejectis, folia superiora cuneato ligulata, acuminata, ultra pedalia, rigidissima. Ovaria longipedicellata, vaginata, elongata. Perigonium carnosum. Mentum valde obtusum. Sepala triangula acuta. Tepala minora. Labellum crassum basi quasi cochleatum, excavatum, ascendens et descendens, quasi sigmoideum, antice pandurato ligulatum, apice emarginatum, disco carnosum generis ad ordines omnino immobile basi columnae ac lateribus pedis columnae adnatum. Columna crassa breviuscula, basi et apice tumido prominula. Planta insignis!

,,Blüthe brennend roth."

Naranjo in Costa Rica. 3. 7. 1857.

51. Maxillaria (Xylobium) **elongata** Lindl. supra pag. 30. ,,Blüthe weiss röthlich." Pseudobulbus fere baculiformis ultra pedalis.

San Ramon in Costa Rica. 26. 6. 1857.

52. Maxillaria (Caulescentes ebulbes) **inaudita:** vaginis rugosis, foliis cuneato oblongis obtuse acutis, pedunculo medio univaginato, flore maximo, sepalis ligulatis acuminatis, tepalis minoribus, labello cuneato oblongo medio utrinque angulato, ruguloso, callo a basi labelli in basin lobi antici semioblongi acuti tricostato, ima basi unguis puberula.

En planta vere mira, qualis nondum cognita fuerat. Maxillaria caulescens ebulbis macrophylla flore Lycastidis! Vaginae amplae valde rugulosae nitidae quasi vernixiae in caule valido calamo gryphino crassiori! Vaginarum limbus membranaceus. Folia novem prope pollices longa cuneato oblonga obtuse acuta, prope tres pollices lata, nervis vix prominulis, telae foliorum Maxillariae crassifoliae. Flores succedanei axillares ex vaginis, quarum laminae adhuc perstant. In caule, qui est ad manus, alter pedunculus jam ananthus, alter floridus. Vagina in inferiori pedunculo ancipiti falcata. Bractea subaequalis ovarium bene superans apice falcata in sepalum impar prona. Sepala ligulata acuminata; lateralia subfalcata. Tepala

ligulata acuminata, bene breviora. Labellum cuneato oblongum trilobum, lobi laterales mediani obtusanguli, lobus medius oblongus subacutus, basis unguicularis minute puberula, antepositus callus ligulatus tricostatus apice tridentatus in discum inter lobos laterales exiens. Superficies radiato striato rugosa et quasi furfuracea papulis minutis squamosis hyalinis. Columna arcuata. Pollinia depressa, genetica. Caudicula subquadrata. Glandula semilunaris, sed crura extrorsum non prosilientia. „Hülle schön hellgelb. Lippe dunkelgelb, gleichfarbig."
Cartago bei Naranjo in Costa Rica. 4. 7. 1857.

53. **Maxillaria** (Caulescentes ebulbes) **vaginalis:** caule erecto multivaginato, vaginis triangulis acutis ancipitibus, folio evoluto terminali uno oblongo acuminato, pedunculis ex vaginis inferioribus, bracteis triangulis carinatis magnis, mento floris elongati subnullo, sepalis ligulatis acutis, tepalis subaequalibus minoribus angustioribus, labello a basi angusta paulo dilatato, antice trifido, laciniis lateralibus obtusangulis productis, lacinia media cuneato ovata acuta, callo elongato ligulato medio constricto apice subacuto a regione antebasilari usque in basin laciniae anticae.

Planta peregregia, etiam inaudita, cui simile quid non novi, nisi cum Aporo seu Lockhartia juvat comparare eam. Caules praesto sunt duo spithamaei. Vaginae duodecim magnae nitidae brunneae dorso bene carinatae, superiores majores, latiores. Folium in vertice junius, adhuc complicatum, unum, oblongum, acuminatum telae tenuiculae, forsan quod non evolutum. Pedunculi axillares in axillis vaginarum inferiorum, vagina scariosa triangula acuta inferiore, bractea ancipiti triangula ovarium bene excedente superiori. Sepala ultra pollicaria. Totus flos ob mentum minutum vix prominulum valde longus, nec latus. Columna clavata labello tertia brevior. Anthera dorso carinata. — Carinae squamarum ante apicem varie abruptae, nunc erosulae.
„Blüthe weiss. Lippe gelb."
Desengaño in Costa Rica. 5. 8. 1857.

54. **Maxillaria** (Caulescentes pseudobulbiferae) **acervata** Rchb. fil. supra pag. 49.
Paulo recedit labello in disco antico scabro ac colore.
„Violett. Lippe dunkelroth."
Naranjo in Costa Rica. 24. 3. 1857.

55. **Maxillaria rufescens** Lindl. Bot. Reg. XXII. 1836. 1848! Maxillaria acutifolia Lindl. B. Reg. XXV. Misc. 148! Maxillaria articulata Klotzch Semin. hort. Berol. pro anno 1853 (nec 1838, uti sphalmate in Walp. Ann. VI. 526!)
„Hellgelb. Lippe orange mit dunklen zinnoberrothen Streifen."
Turialba in Costa Rica. 27. 3. 1857.

56. Maxillaria Friedrichsthalii Rchb. fil. in v. Mohl. & v. Schldl.

B. Z. 1852. 858!: rhizomate validiusculo dense vaginato, vaginis minutissime rugulosis, ramulis novellis vaginis triangulis castaneis obtusis, pseudobulbis oblongis ancipitibus costatis transverse rugulosis diphyllis, foliis cuneato ligulatis apice bilobis; folio stipante nunc evoluto, uno seu duobus, pedunculis vaginis alternantibus obtusangulis rigidis apice hyalinis tectis, mento obtusangulo, minuto, sepalis ligulato linearibus acutis, tepalis subaequalibus, brevioribus, labello angustissime rhombeo, canaliculato, obtuso, carinula elongata a basi ad medium, columna clavata, androclinio ciliato, profunde exciso hinc descendenti bilobo supra foveam.

Maxillaria Friedrichsthalii Rchb. fil. Walp. Ann. VI. 1217!

Plantula pusilla Maxillariae acianthae Rchb. fil. et Maxillariae acuminatae Lindl. peraffinis, utraque longe minor. In omnibus his speciebus tela omnium partium rigidissima. Vaginae vetustae opacae tandem. In ramis novellis eaedem vaginae pulchre sublucidae vaginas Pachyphylli distichi in mentem revocant. Pseudobulbi sicci oblongi ancipites costati rugis transversis plurimis exarati.

„Blüthe gelb."

Turialba in Costa Rica. 27. 3. 1857.

57. Maxillaria aciantha Rchb. fil. cf. supra pag. 30 et pag. 50.
"Blütbe gelbgrün."

Oratorio in Guatemala. 5. 2. 1857.

58. Maxillaria atrata Rchb. fil. supra pag. 31. Procul dubio huc
spectant specimina quaedam Wendlandiana, licet ovario a bractea incluso diversa.

Pseudobulbus oblongus, anceps, siccus rugosus, vaginis stipatus. Folium cuneato oblongum apice attenuato emarginatum chartaceo pergameneum, ultra spithamaeum, pollice latius. Pedunculi vaginis triangulis acuminatis tecti. Bractea subaequalis paulo latior, numquam adeo brevis uti in Maxillaria cucullata Lindl. Mentum haud ita conspicuum, obtusangulum. Sepala oblongoligulata acuta. Tepala angustiora, breviora, acutiora. Labellum ligulatum, ima basi trilobum; lobi laterales obtusanguli, lobus medius oblongus acutus productus, valde papulosus. Callus inter lobos posticos ligulatus, cristulis adventitiis quibusdam, quales in planta Warscewiczii non observavi.

„Hülle kirschroth. Lippe schön dunkelroth."

Las Nubes in Guatemala. 9. 1. 1857.

59. Maxillaria atrata Rchb. fil. var. brachyantha: folio duplo
latiori, flore breviori, labelli callo cristulis adventitiis acutis destituto.

Unter Desengaño in Costa Rica. 6000'. 8. 5. 1857.

60. Dichaea brachypoda n. sp. aff. Dichaeae graminoidi Rchb. fil.!
(cf. infra) caule ancipiti, foliis papyraceis, lanceis, acuminatis, apice microscopice

scabriusculis, pedunculo brevissimo, bractea ovata brevissima obtusa, sepalis oblongis, obtuse acutis, tepalis multo latioribus, labello cuneato antice triangulo sagittato laevi. Isochilus graminoides Hook. Exot. III. 196! esset, nisi differret tepalis bene acutis. Qua de re alio loco.

„Blüthe gelbgrün mit röthlichen Punkten." Flos siccus viridis labello atroviolaceo.

San Miguel in Costa Rica. 14. 5. 1857.

Obs. Dichaea graminoides Rchb. fil. (Cymbidium graminoides Sw.! Herb. Holm.! Wickstr. Sw. Ann. Bot. Tab. I!): caule ancipiti nunc ramoso, foliis lineariligulatis apiculatis antrorsum ciliato serrulatis, pedunculis capillaribus porrectis folii laminae dimidium subaequantibus, bractea ovata acuta minuta, sepalis tepalisque oblongis acutis, labello ab ungue latiusculo cordato apiculato, carina per partem unguicularem, androclinio postice alula serrulata, rostello bilobo, ligula sub fovea nulla.

Haec juxta typos ill. Swartzii, unde patet iconem Swartzianam in Wickstr. Ann. bonam. Pars unguicularis mihi haud adeo lata patuit, quo labellum in icone oritur panduratum. Gaudeo, carinam ibi esse pictam.

Cl. Grisebach, qui in „Flora of brit. west. ind. Islands" etiam de Orchideis egit, p. 625 habet Dichaeam gramineam Gr. ad quam reducuntur: „Dichaea graminoides Lindl.! (Cymbidium Sw., Isochilus Hook.!") Cur nomen mutaverit, nullus intelligo. Rem eum non perspexisse eo patet, quod synonyma ill. Swartzii, ill. Lindleyi, ill. Hookeri combinavit, adeo ut labellum combinatione specierum atque iconum dixerit „sagittate — roundish."

61. Dichaea trichocarpa Lindl. Gen. et Sp. Orch. 209!: caule densissime foliato vaginis nervoso striatis, foliis linearibus acuminatis tortis, pedicellis brevibus sub ovariis bibracteatis, bracteis semiovatis acuminatis, ovario hispidopapuloso, sepalis oblongis obtuse acutis muriculatis, tepalis oblongis brevioribus, labello ab ungue lato antice sagittato seu apiculato sagittae cornubus abbreviatis, columna crassa utroque latere uniangulata juxta rostellum crassum obtusum.

Epidendrum trichocarpon Sw. Prodr. 124!

Cymbidium trichocarpon Sw. Fl. Ind. Occ. 1455!

Planta Wendlandiana est magis compacta, densifolia, folia fert latiora, quod ex altiori statione explicandum videtur. Fructus horrent aculeis, inter quos latent papulae paucae magnae obtusae. — Typi Swartziani herbarii Holmiani ac proprii praesto sunt.

„Blüthe weiss."

Cartago in Costa Rica. 4. 7. 1857.

62. Calanthe mexicana Rchb. fil. Linnaea 1844. 406! Orch. Eur. t. 3. f. 5. 6. 7! B. Zeitg. 1853. 493! Ghiesebreghtia calanthoides A. Rich. Gal. Ann. sc. nat. ser. 3. III. p. 28! Lindl. Folia I. Calanthe No. 6! Walp. Ann. VI. 912!

Specimina Wendlandiana pulcherrime evoluta. Folia ultra pedalia, gemina, basi longius brevius cuneata, oblonga, acuta. Pedunculus validus calvus, nunc squamula lineariligulata una. Racemi, rhachis brevissime puberuli. Bracteae cuneato lanceae acutae ovariis pedicellatis puberulis breviores. Flores subsecundi videntur anthesi inchoata, demum magis quaquaversi deflexi. Sepala oblonga acuta. Tepala subaequalia. Labellum bene cum columna connatum cuneato oblongum acutum, vulgo complicatum videtur ac incurvum, nunc utrinque sinuatum, hinc subtrilobum. Calcaria dimorpha! Nunc occurrunt uncinata labello dimidio breviora apice bidentata, nunc uncinata bene ac simpliciter acuta tertiam labelli subaequantia. Columna utrinque buccata.

„Hülle weiss. Lippe weiss und gelb."
Desengaño in Costa Rica. 1. 6. 1857.

Epidendreae Lindl.

Epidendrum (L.) R. Br.

Hort. Kew. V. 2!

A. Epidendra pseudobulbosa.

+ Epicladium (Lindl.) Rchb. fil.

63. **Epidendrum Huegelianum** Rchb. fil. supra p. 32. 51. Guatemala. 26. 1. 1857.

64. **Epidendrum campylostalix** Rchb. fil. supra p. 32. „Pflanze grau bereift. Hülle dunkelviolett. Lippe weiss." Desengaño in Costa Rica. 6000'. 8. 5. 1857.

65. **Epidendrum aurantiacum** Bat. Lindl. Bot. Reg. 1838. Misc. 11! Orch. Mex. Guat. t. 12! Lindl. Folia I. Epidendrum No. 1! Regel Gartenflora V. 158! Broughtonia aurea Lindl. B. Reg. 1840. Misc. 22! Epidendrum aureum Lindl. Folia I. Epidendrum No. 5! Walp. Ann. VI. 311! Guatemala. 6. 1. 1857.

++ Encyclium Lindl.

66. **Epidendrum paleaceum.** Dinema paleaceum Lindl. B. Reg. 1840. Misc. 112! Epidendrum auritum Lindl. B. Reg. 1843. Misc. 4! Epidendrum Lindenianum A. Rich. Gal. O. Mex. p. 42 in Ann. sc. nat. 1845! Walp. Ann. VI. 323!
Ovarium semper reperi papuloso verrucosum.
Turialba in Costa Rica. 27. 3. 1857.

67. **Epidendrum varicosum** Bat. B. Reg. 1838. Misc. 37! Epidendrum leiobulbon Hook. Journ. III. 308. t. 10! Epidendrum Lunaeanum

A. Rich. ht. Paris! Epidendrum quadratum Klotzsch All. Gtz. 1850. 402! Lindl.
Folia I. Epidendrum No. 71! Walp. Ann. VI. 341!
Las Nubes in Guatemala. 9. 1. 1857.

68. Epidendrum ochraceum Lindl. B. Reg. 1838. Misc. 15. t. 26!
Lindl. Folia I. Epidendrum No. 18! Walp. Ann. VI. 325!

Specimina aliquid majora speciminibus mexicanis. Icon c. in B. Reg.
recedit androclinii dentibus longioribus, angustioribus, haud fimbriato denticulatis,
labelli lacinia media majori ac callo disci medio utrinque sinuato. — Sed ipsissima
specimina Schiedeana, quae auctor citavit, cum nostra planta Wendlandiana congrua.
In horto Schilleriano saepe tantum tres verrucas reperi, quae in floribus ex ejusdem
sympodiis enatis anno 1858 omnino evanuerunt.

Cartago in Costa Rica. 14. 4. 1857.

69. Epidendrum atropurpureum W. supra pag. 33 et pag. 56!
Guatemala.

70. Epidendrum ramonense: aff. Epidendro tampensi Lindl.!
panicula diffusa, pleiantha, ramulis fractiflexis asperulis (exsiccando? more Epidendri
diurni Rchb. fil.), sepalis cuneato oblongis acutis, tepalis spatulato obovatis obtuse
acutis subbrevioribus, labello trifido, laciniis posticis ligulatis apicibus obtusis reflexis, isthmo brevi sed bene descripto, lacinia antica cordato triangula seu triangula obtusangula hinc minute crenulata, carinis crassis geminis per isthmum in
venas tres elevatas disci laciniae anticae excurrentibus, venis radiantibus reliquis
elevatulis, columna juxta foveam utrinque angulata.

Vultus inflorescentiae florumque Epidendri Ceratistidis Lindl., seu diurni
Rchb. fil. (Limodori diurni Jacq.! Epidendri virentis Lindl.!). Saepius comparavi
cum omnibus iconibus ac speciminibus, nec unquam licuit referre ad ullam.
„Hülle braungrün. Lippe weiss mit rothen Streifen."
San Ramon in Costa Rica. 25. 6. 1857.

+ + + Aulizeum Lindl.

71. Epidendrum Nubium: caule teretiusculo ramoso fruticuloso,
foliis geminis ternisve oblongis obtuse acutis, racemo plurifloro cernuo, bracteis
ligulatis acutis scariosis trinerviis usque plurinerviis, sepalis ligulatis acutis, lateralibus valde oblique insertis, acutioribus, dorso medio antice argute carinatis, tepalis
lineari spatulatis acutis, labello trifido, laciniis lateralibus semiovatis obtusangulis
subsemicordatis, maximis, lacinia media cuneato dilatata biloba, callis geminis semiovatis in basi, carina interjecta per lineam mediam excurrente, columna medio constricta, androclinio postice retuso, lobo utroque quadrato.

11

Specimina nunc pollent foliis pollicem latis, nunc foliis duos pollices latis. Vaginae sub foliis scarioso-membranaceae apice ampliatae, subcucullatae, punctulatae. Flores illis Epidendri difformis Jacq. bene evoluti aequimagni optime exsiccati sepala pallidissima fusca, tepala et labellum alboflavida, ochracea efferunt. Videntur igitur sepala viridula, labellum et tepala alboflaveola, forsan alba, labelli disco flavo fuisse. Nil de colore adnotavit cl. Wendland fil. ceterum accuratissimus.

Duae species sunt consimiles, quae prope eodem jure ad Euepidendra relegari possunt.

Epidendrum incomptum Rchb. fil. supra p. 38, artificiali methodo ob tria folia evoluta ad Euepidendrum relatum, gaudet sepalis lateralibus extus non carinatis, labelli lacinia antica subcordata rotunda acuta carinisque ternis per discum.

Epidendrum arbuscula Lindl. cujus specimina possideo decem, simillimum, sed majus. Folia angustiora, longiora. Bracteae ovariis pedicellatis duplo breviores. Flores atropurpurei. Labellum obscure quadrilobum. Anguli duo ac carina media omnes in carinas crassas disci excurrentes. Venae radiantes crassae. Las Nubes in Guatemala. 10. 1. 1857.

+++ Osmophytum Lindl.

72. Epidendrum pallens: pseudobulbo tenui ligulato ancipiti monophyllo, folio cuneato ligulato acuminato, pedunculo bene articulato ancipiti, articulis inferioribus fibrorum fasciculis cinctis, superioribus bracteiferis, bracteis ligulatis compressis acutis, ovariis pedicellatis exsertis, sepalis lineariligulatis acutis, tepalis linearibus acutis, labello oblongoligulato obtuse acuto basi rotundato, callis angulatis geminis in basi interposita linea elevata, hac et callis in lineas elevatas usque apicem versus excurrentibus, androclinio praerupto.

Forsan racemus usque ad pedunculi basin evolutus fuit, ita ut fasciculi fibrarum in articulis a bracteis destructis sint derivandae. Flores illis Epidendri clavati Lindl. aequimagni.

,,Blüthe gleichmässig hellockerfarbig."

Vulkan de Barba in Costa Rica. 9000'. 11. 7. 1857.

73. Epidendrum nitens: aff. Epidendro coriifolio Lindl. pseudobulbo gracillimo diphyllo, foliis lineariligulatis obtusis, pedunculo ancipiti, vaginis obtuse triangulis carinatis sub racemo pleiantho (usque septemfloro), bracteis a basi late ovata attenuatis complicatis carinatis, apice ensiformi retusis, ovariis pedicellatis (jam valde incrassatis) bene exsertis, gutture minuto, sepalis carnosulis ligulatis subacutis, tepalis linearibus acutis, labello cordato ovato apiculato, callis parvis obtusangulis in basi, carina incrassata a basi apicem versus, androclinio exciso.

Dicere posses Epidendrum rigidum valde auctum foliis geminis longe ligulatis munitum. Guttur floris tantum in flore madido apparet. Tela florum valde

firma. Folia usque quinque pollices longa superne nitentia et statu sicco. Vaginae
sub foliis omnino emaciatae.

Las Nubes. 17. 1. 1857.

74. Epidendrum cochleatum L. Sp. Pl. 1351! Jacq. Rar. Ic.
605! Curt. B. Mag. 572! Lindl. G. & Sp. Orch. 97! Lindl. Folia I. Epidendrum
128! Walp. Ann. VI. 359!

Turialba in Costa Rica. 27. 3. 1857. Sta Anna in Costa Rica. 9. 4. 1857.

Obs. Timeo, ne omnino idem sit Epidendrum lancifolium. Pav.! Lindl.
G. & Sp. Orch. 98! Lindl. Folia Epidendrum I. No. 129. p. 42 excl. Syn. Typus
speciei herbarii Lambertiani, quem ill. Lindley pro dolor! numquam iterum in-
spexit, asservatur in Museo Britannico. Delineavi specimen et notavi, omnino
esse Epidendrum cochleatum. Nec hodie aliter sentio iterum inspecta icone. Nec
recedit specimen Pavonianum herbarii Boissieriani.

Contra Epidendrum lancifolium Pav. in Lindl. B. Reg. 1842. t. 50! longe
videtur recedere. Typus non asservatur in herbario Lindleyano, quantum memini.
Valde affine Epidendro radiato Lindl. visum.

B. Epidendra distichifolia.

+ Spathium Lindl.

Utraque sequens species Epidendro imbricato Lindl. similis, characteribus
artificialibus huc pertinens.

75. Epidendrum Barbae: ramosum, basi vaginis arctis acutis, dein
foliis paucis oblongoligulatis acutis subchartaceis, spathis ancipitibus una alterave
bracteis subaequali, bracteis in pedunculo flexuoso divaricatis complicatis crasso
scariosis oblongis obtuse acutis perigonium usque, sepalis oblongis obtuse acutis,
tepalis cuneato ovatis obtusatis, labello flabellato apice retuso emarginato cum apiculo in sinu, callis obtuse triangulis geminis in basi in carinulas excurrentibus,
carinula interjecta, androclinio sinuoso.

Rami spithamaei, vaginati. Vaginae membranaceae. Folia lineariligulata
usque oblongoligulata obtuse acuta, usque quinque pollices longa, pollicem usque
lata. Spatha una viridis subfoliacea ancipiti carinata. Spatha una alterave bracteae-
formis scarioso pergamenea, nunc rubro punctulata sub inflorescentia superne
descripta. Flores illis Epidendri stenopetali Hook. subaequimagni.

„Blüthe hellgelb.‟

Vulcan de Barba in Costa Rica. 10,000′. 11. 7. 1857.

76. Epidendrum platystigma: rigidum, ramosum, erectum, foliis
lineariligulatis retuso bilobis, spatha una seu spathis duabus triangulis ancipitibus
sub inflorescentia racemosa flexuosa, bracteis oblongis ancipitibus obtuse acutis

11 *

carinatis, sepalo summo ligulato acuminato, sepalis lateralibus deflexis latioribus, linea media apicem versus carinatis, tepalis cuneato oblongis acuminatis, labello cordiformi acuto sinuatulo, lamella depressa apice triloba in basi, androclinio sinuoso, columna brevi, lata.

Folia quasi Epidendri stenopetali Hook. in caulibus rigidis, calamum anatinum crassis. Vaginae crassae rugosae. Ramuli quidam axillares brachyphylli. Flores illis Epidendri imbricati bene minores. Columna lata. Fovea stigmatica latissima.

,,Blüthe hellgrün.''

Cari Blanco — San Miguel in Costa Rica. 6. 8. 1857.

77. Epidendrum microdendron: valde ramosum, tenue, foliis lineariligulatis apice oblique bilobulis, racemi spatha una herbacea obtusa sublibera, sepalis ligulatis acutis, tepalis linearibus apice subdilatatis acutis, labello subtrilobo, lobis lateralibus posticis semiovatis lobo medio cuspidato producto, carina una a basi apicem versus, utrinque addita carinula brevi.

Planta parva habitu Epidendri vincentini. Caulis primarius fractiflexus, utrinque vestigiis ramorum dejectorum, superne ramifer. Vaginae valde rugulosae, arpophyllacae. Laminae basi angusta sessiles latiori basi ligulatae attenuatae apice oblique obtuseque bilobae. Inflorescentia tenuis biflora, perbrevis axi capillari. Spatha una herbacea ligulata carinata obtuse acuta. Bracteae triangulae. Flores illis Epidendri Peperomiae subaequales.

,,Hülle dunkelockergelb. Lippe hellockergelb.''

Vulcan de Barba in Costa Rica. 11. 7. 1857.

++ Amphiglottium Lindl.

78. Epidendrum pratense: aff. Epidendro Schomburgkii Lindl. labelli laciniis posticis semicordato oblongis acutis, limbo externo inaequaliter lobulato serrulatis, lacinia media producta cuneato obovata emarginata, antice serrulata, callis obtusangulis in ima basi, carina humili interposita a basi in discum laciniae anticae.

Caules praesto sunt duo bipedales, ima basi foliati, inferne crassiusculi calamum anserinum subaequantes crassitie; radicibus adventitiis laminis oppositis jam juxta folium laminigerum tertium. Vaginae rudes, siccae! nervosae, trabeculis interjectis transversis plurimis arpophyllaceae. Laminae ligulatae seu lineariligulatae, seu oblongae, apice attenuato subbilobulae, basi nunc aequales, nunc rotundatae; toto limbo angustissime cartilagineae erosulae. Pedunculus longissime porrectus. Vaginae arctae apice oblongo acuto libero porrectae, stramineae, minute fusco punctulatae; summae minores. Racemus subfastigiatus, in altero specimine ramulo evoluto superpositis squamis tribus fatuis linearibus acuminatis. Bracteae lineares acumi-

natae tres usque quatuor lineas longae. Ovarium pedicellatum plusquam pollicare.
Flos illi Epidendri cinnabarini aequimagnus. Sepala ligulata acuminata. Tepala
cuneato oblonga acuminata. Labellum supra descriptum. Androclinium integerrimum.
Feuchte Wiesen am See von Dueñas in Guatemala. 18. 1. 1857.

79. Epidendrum radicans: Pav. apud Lindl. Gen. & Sp. Orch.
p. 104! Lindl. Folia I. Epidendrum No. 220! Epidendrum rhizophorum Bat. in
Lindl. Bot. Reg. 1838. Misc. 10! Walp. Ann. VI. 390!
„Hülle brennendroth. Lippe orangegelb."
Cartago in Costa Rica. 29. 3. 1857.

80. Epidendrum flavovirens: aff. Epidendro pallidifloro Hook.
foliis oblongoligulatis acutis, vaginis sub inflorescentia arctis argyreis marcescentibus,
bracteis triangulis minutis, sepalo summo cuneato oblongo acuto, sepalis lateralibus
dimidiatis, tepalis lineari spatulatis, labello basi cordato, antice trifido, laciniis lateralibus obtusangulis porrectis, lacinia antica cuneato dilatata obtuse biloba, callis
semiovatis parvis geminis in basi in carinulas excurrentibus, carina interjecta.
Caulis omnino videtur anceps fuisse. Vaginae utraque facie nervis ternis
quaternisve valde prominulis interjectis nervis pluribus tenuioribus. Folia subaequi-
magna usque ad basin inflorescentiae, cuneato oblongoligulata acuta, subpapyracea,
medio sesquipollicaria, tres quatuor usque pollices longa. Vaginae sub inflorescentia emaciatae, argyreae. Inflorescentiae apex non suppetit. In utroque specimine
adest ramulus lateralis crassiusculus bracteis squarrosis triangulis acutis minutis.
„Blüthe gelbgrün."
Las Nubes in Guatemala. 11. 1. 1857.

81. Epidendrum floribundum H. B. Kth.! N. G. & Sp. I. 353!
t. 86! Kth. Synopsis p. 338! Lindl. G. & Sp. 109. Lindl. Folia I. Epidendrum
No. 293.! Walp. Ann. VI. 413!
„Hülle grünlich. Lippe weiss mit kleinen röthlichen Flecken."
Zwischen Cartago und Naranjo in Costa Rica. 4. 7. 1857.

82. Epidendrum n. sp.? Adsunt caulis foliatus et inflorescentia
vetusta duobus tantum floribus servatis. Plantam novam proponere non audeo,
cum partes non cohaereant.
Caulis foliatus exacte typum Epidendri gracillimi Lindl.!, qualis in herbario
Lindleyano asservatur, mihi in mentem revocat. Caulis sesquipedalis, ima basi
radice aerea, tum vaginis in fibras solutis, deinde foliis evolutis novem, apice
vaginis arcte pedunculum involventibus quinque. Folia cuneato linearilancea acuminata, per limbum baseos ac lineam mediam totam inferne pulcherrime amethystina.
Vaginae arctae forsan ancipites acuminatae.

Pedunculus omnino non cohaerens, omnino detritus. Est axis articulatus (forsan a foliis dejectis), cui apice adhaeret axis lateralis vaginis detritis onustus apice racemosus. Bracteae squamiformes minutae. Flores adsunt duo, illis Epidendri floribundi perquam affines. Sepalum dorsale cuneato ligulatum acutum. Sepala lateralia incurva, ceterum aequalia. Tepala linearispatulata acuta perangusta. Labelli laciniae posticae semiovatae antice angulatae, lacinia antica sessilis, divergenti bipartita, partitionibus ligulatis, oblique truncatis, sinubus angustissimis a laciniis posticis separatae. Calli duo papulosi in ima basi in carinulas duas apicem usque labelli exeuntes.

„Hülle grünlich weiss. Lippe weiss."

Turialba in Costa Rica. 24. 3. 1857.

83. **Epidendrum myodes**: aff. Epidendro fuscato Sw. foliis cuneato ligulatis acuminatis, inflorescentia polyclada, usque intra folia descendente, ovariis pedicellatis demum scaberulo papillosis, sepalo summo cuneato oblongo obtuse acuto, tepalis linearispatulatis angustissimis, labello tripartito partitionibus lateralibus divaricatis subfalcatis denticulo adventitio superne basin versus, partitione media ligulata bifida, callis semiovatis crassis humilibus in basi.

Planta ultra sesquipedalis. Caulis teretiusculus fuisse videtur. Folia cuneato lineariligulata acuminata, quinque, sex usque pollices longa, medio pollicem lata. Pedunculus anceps ramulis nunc ramosis lateralibus, etiam foliis oppositis. Bracteae semiovatae minutulae. Flores illis Epidendri fuscati Sw. minores plurimi.

„Blüthe gelbgrün oder gelb."

Naranjo in Costa Rica. 3. 7. 1857. Turialba in Costa Rica. 23. 3. 1857.

84. **Epidendrum pergameneum**: aff. Epidendro myodi foliis latis cuneato oblongis acuminatis pergameneis nervosis subplicatis, inflorescentia terminali et ramis lateralibus ex vaginarum foliorum basibus, sepalis oblongis acutis, tepalis filiformibus, labello trifido laciniis lateralibus lato ligulatis porrectis bidentatis, dente superiore minore, inferiore longiori, lacinia media ligulata retusa, nunc biloba.

Folia quinque usque sex pollices longa, latissima prope duos pollices lata, pergamenea, nervosa. Inflorescentia terminalis bene salva haud suppetit. Rami laterales cernui flores illis Epidendri paniculati paulo minores.

„Blüthe gelbgrün."

Desengaño in Costa Rica. 5. 8. 1857.

+++ Euepidendrum Lindl.

85. **Epidendrum difforme** Jacq. Am. 223. t. 136! Epidendrum umbellatum Sw. N. Act. Ups. VI. 68! Lindl. G. & Sp. Orch. 102! Hook. Bot. Mag. 2030! Lindl. Folia I. Epidendrum 248! Walp. Ann. VI. 402!

Cartago in Costa Rica. 29. 3. 1857.

86. **Epidendrum firmum**: affine Epidendro difformi Jacq. foliis lineariligulatis abbreviatis obtuse acutis, floribus umbellatis longipedicellatis, sepalis lineariligulatis acutis, tepalis filiformibus apicem versus subdilatatis, labello lato trifido, laciniis lateralibus latis semiovatis basi subsemicordatis, antice obtusangulis, lacinia media obcordata angusta, callis duobus obtusangulis in basi interjecta carina producta, androclinio membranaceo fimbriato, columna curvata gracillima.

Dense caespitosum. Radices numerosae ramosae. Caules graciles firmi, quinque usque septem pollices alti. Vaginae baseos laxae. Etiam vaginae foliorum laxae. Foliorum laminae usque pollicares, obtuse acutae. Bracteae ovatae apiculatae uninerves brevissimae. Ovaria inclusis pedicellis gracillimis ultra pollicem attingentia.

„Blüthen hell grünlich weiss."

Naranjo — Cartago in Costa Rica. 4. 7. 1857.

87. **Epidendrum exasperatum**: foliis pergameneis oblongoligulatis obtuse acutis, panicula terminali, ramulis mediis a squamis foliaceis fultis, ramulis inferioribus oppositifoliis, bracteis ovatis obtuse acutiusculis, sepalis oblongoligulatis aspero verrucosis, tepalis lineari spatulatis obtuse acutis, labello trifido, laciniis posticis bifidulis lacinula superiori latiori triangula acuta, inferiori angustiori acuminata, lacinia media cuneato dilatata apice divaricato bifidula, lacinulis triangulis acutis, lamella depressa bidentata in basi, carina lineari anteposita, androclinii limbo quinquedentato.

Adsunt specimina tria. Maximum pollet foliis oblongoligulatis obtuse acutiusculis, fere quinque pollices longis, pollice bene latioribus. Folia superiora minora breviora vaginis subnullis ramos inflorescentiarum gerunt axillares, dum in foliis inferioribus bene vaginatis ex ima basi vaginae perforata sub nervo medio laminae oriuntur rami. Bracteae oblongae acutae sat magnae. Ovaria pedicellata bene ultra pollicaria. — Specimen minus offert folia multo angustiora, vix pollicem lata et inflorescentiam longe minorem. — Tertium specimen gerit inflorescentiam bene evolutam, sed folia pauca brevissima, quorum unum pollicem paulo excedit. Vaginae fusco punctatae. Flores illis Epidendri paniculati aequimagni.

„Blüthe weiss und braun."

Naranjo — Cartago. 4. 7. 1857.

88. **Bletia (Laelia) Wendlandi** Rchb. fil. in Walp. Ann. VI. 431! Xenia II. 58!: „pseudobulbo Laeliae ancipitis", labelli lineis ternis mediis incrassatis, per discum inter lacinias laterales in laciniam anticam apicem versus, media quidem ibi crispulo carinigera.

Laelia Wendlandi Rchb. fil. in litt.

Folia cuneato oblonga obtuse acuta; submarginata, superne etiam sicca pulcherrime vernixia, inferne opaca, septem pollices longa, ultra duos medio lata. Panicula valida pedem longa basi rhacheos ampliata et incrassata, imo internodio coloris diversi, quodammodo ac si esset pars pseudobulbi. Cum jam panicula adsit et folia duo, crederes forsan pseudobulbos floridos omnino folia evoluta nulla genere, uti occurrit in Epidendro Walkeriano ac Stamfordiano. Vaginae superne obtuse triangulae plures in basi approximatae, superiores ampliores. Vaginae in pedunculo superne sex amplae crenulatae ovato acutae supra quae ramuli supraaxillares curvuli superne racemosi. Bracteae minutae ovatae acutae. Flos illi Bletiae (Laeliae) cinnabarinae aequalis. Ovaria pedicellata brevia, adeo ut alabastra satis magna sessilia videantur, quod ovaria pedicellata bracteis (vix ultra lineam et dimidiam longis) obteguntur. Sepala et tepala lineariligulata acuta. Labelli laciniae posticae semiovatae antice obtuse acutae; lacinia media cuneato obovata lobulato crispula denticulata; lineae tres mediae incrassatae, antica apice cristula ter undulata onusta. Columna trigonosemiteres basi exampliata, apice triloba, lobo postico anguste triangulo, lobis lateralibus semiovato acutis. Anthera transversa apiculis in vertice parvulis geminis. Flos siccus flavoalbus, prope mellicolor, quasi fuisset albidus. — Inflorescentiae alabastriferae vultus quodammodo Galeolam in mentem revocat.

Guatemala. 26. 12. 1856.

89. Bletia glauca Rchb. fil. Walp. Ann. VI. 422! Xenia I. 50! Brassavola glauca Lindl. Bot. Reg. 1839. Misc. 67! 1840. tab. 44! Bateman Orch. Mex. Guat. t. 16! Hook. Bot. Mag. 1840. 4082! Cattleya crassifolia Deschamps. In einer Barranca bei Guatemala. 6. 1. 1857.

90. Bletia verecunda R. Br. supra p. 55! Am See von Dueñas 18. 1. 1857.

91. Hexisea sp. non determinanda. „Blüthe brenneudroth." La Muella in Costa Rica. 11. 8. 1857.

92. Ponera bilineata: pseudobulbis teretiusculis apice diphyllis, foliis lineariligulatis acutis, floribus fasciculatis, mento parvulo, sepalis ligulatis obtuse acutis, tepalis cuneato linearibus obtusissime acutis, labello lineari antice trifido, laciniis lateralibus minutis angustis obtusangulis, lacinia media ab ungue brevissimo angustiori subito reniformi dilatata, multo majori, disco incrassata, apice circa foveam utrinque dilatata.

Pseudobulbi usque tres pollices alti, basi vaginis pluribus stramineis fusco nebulosis punctatisque, demum emaciatis argyreis. Flores inter bracteas triangulas fasciculati. Folia usque tres pollices longa, vix dimidium pollicem lata. Specimen, quod est ad manus bulbos duos foliatos gerit ex axilla folii unius servati pseudobulbi inferioris.

„Hülle hellbraun. Lippe gelbweiss mit zwei schwachen bläulichen Linien." San Miguel in Costa Rica. 14. 5. 1857.

93. **Ponera striata** Lindl. Bot. Reg. XXVIII. 1842, sub Misc. 17!
Paxt. Fl. G. II. p. 29. Xyl. 149! Walp. Ann. VI. 450!
Ialpatagua in Guatemala. 6. 2. 1857.

94. **Hexadesmia crurigera** Lindl. supra p. 55!
„Blüthe weiss. Lippe in der Mitte mit einem gelben Fleck."
Cartago in Costa Rica. 22. 3. 1857.

95. **Hexadesmia brachyphylla:** aff. Hexadesmiae crurigerae
Lindl. foliis lineariligulatis apice retuso bilobis, abbreviatis, floribus subsolitariis,
mento minuto, sepalis ligulatis, sepalo summo obtuse acuto, sepalis lateralibus subfalcatis bene acutis, tepalis spatulato obovatis bene obtusis minute crenulatis,
labelli ungue statim dilatato, apice reniformi emarginato (non superposite bilobo),
nervis creberrimis, columna gracili apice dilatata.

A Hexadesmia crurigera differt foliis latioribus multo brevioribus rigidissimis,
spatha florali magna, flore bene majori, mento obscuro, tepalis bene obtusis, labello
ante unguem statim dilatato ampliato, antice emarginato, nec superposite bilobo.

Rhizoma validum polyrrhizum dense vaginatum. Pseudobulbi a basi tenuiori
ampliati, vaginis stramineis tecti prope duos pollices longi. Folium duos tresve
pollices longum, lineari ligulatum, apice bilobulum, telae rigidissimae. Spatha
floralis scariosa ligulata, quatuor usque quinque lineas longa. Flores quam in
Hexadesmia crurigera majores.

„Hülle weiss mit violetten Linien."
Turialba in Costa Rica. 23. 3. 1857.

96. **Hexadesmia micrantha** Lindl. supra p. 42! 56!
„Blüthen röthlich gelb."
Santa Anna in Costa Rica. 9. 4. 1857.

97. **Isochilus linearis** R. Br. supra pag. 55!
San José in Costa Rica. 17. 7. 1857.

98. **Elleanthus hymenophorus** Rchb. fil. supra pag. 42!
„Deckblätter goldgelb mit zinnoberrothen Streifen. Blüthen gelb."
Naranjo in Costa Rica. 3. 7. 1857.

99. **Arpophyllum medium:** folio plano, anguste ligulato acuminato,
spatha tripollicari, racemi rhachi ac ovariis obtuse nigro verrucosis, sepalis ligulatis
acutis, tepalis cuneato ligulatis erosulis, labello pandurato postice foveato, antice
serrulato.

Planta difficilis. Non est Arpophyllum spicatum Lex., quod pollet folio
complicato falcato ac ovariis inflorescentiaeque rhachi hispidis. Non est Arpophyllum alpinum Lindl. ob folia et inflorescentiam elongata. Restant Arpophyllum

Cardinalis Lind. Rchb. fil. & Arpophyllum giganteum Lindl. Utraque species exaltata, folio sesquipedali multo latiore, apice obtusissime acuto, sicco vernixio pollet, illud gaudet labello subintegerrimo, hoc fimbriato. Nostrum minus, folio obtusiore, spatha brevi, inflorescentia brevi (num semper cernua?), ovariis longioribus, labello bene constricto recedit. Genus licet speciebus egenum, tamen bene difficile.

Las Nubes in Guatemala. 9. 1. 1857.

Malaxideae Lindl.

100. **Lepanthes Lindleyana** Oersted & Rchb. fil. Xenia Orch. I. tab. 50. III. 8—10! p. 149! 155!: effusa, disticha, racemis arctis quasi bipectinatis, tepalis dimidiatis ciliolatis.

Lepanthes Lindleyana Oersted Rchb. fil.! Walp. Ann. VI. 198!

Plantulae tenuis caules bi- usque tripollicares. Vaginae ostio triangulo cordatae muriculatae. Folium obtuse acutum apice obtuse tridentatum dente majori crasso; pergameneum; lanceolatum, infra discolor, duas pollicis tertias longum, quartam tertiamve basi latum. Racemi multiflori bene bipectinati. Bracteae ochreato triangulae infra nervum medium muriculatae. Sepalum superius triangulum, obtuse acutum; sepalum inferius oblongum apice bidentatum. Tepala dimidiata triangula angulo inferiori obtusata, ciliolata. Labellum supra basin columnae adnatum, bipartitum, partitio utraque utrinque triangulo acuminata, carina juxta limbum internum partis superioris; utraque dorso peltata, inferiori apice ciliolata, sinus insiliens inter utrumque unguem. Androclinium semilunato excisum. Flosculi minuti flavi. Quodammodo alludit ad Lepanthidem andrenoglossam Rchb. fil.

Cartago in Costa Rica. Detecta Januario 1841 a. cl. Oersted! inter cujus Orchideas nescio quo lapsu praetermissa.

„Blüthe röthlich."

Cartago in Costa Rica. 30. 3. 1857.

101. **Lepanthes Turialvae** Rchb. fil. Bonpl. III. 225! Xenia Orchidacea I. Tab. 50. V. 15—16. p. 151. supra pag. 57!

„Hülle orangegelb. Lippe purpurroth."

Turialba in Costa Rica. 27. 3. 1857.

Icones.

Tab. X. **Lepanthes Turialvae** Rchb. fil. III. Planta. 6. Flos expansus +.

102. **Lepanthes elata**: effusa, caule secundario folio bis longiori, vaginarum arctarum nervis retrorsum hispidulis, ostiis exampliatis subcordatis acutis hispidulis, folio papyraceo oblongo acuminato, sepalo summo triangulo, sepalis la-

teralibus subaequalibus basi coalitis, tepalis semilunatis utrinque obtusatis .iatis, labello utrinque laminam ligulatam apice utroque acutam peltatam efferente.

Caulis secundarius quatuor usque septem pollices altus, calamum lusciniae crassus, vaginis undecim usque quatuordecim. Folium papyraceum, a basi brevissime cuneata cordato oblongum acuminatum, tres usque quatuor pollices longum, duos pollices latum, nervis septenis valde prominulis interjectis tenuioribus trabeculis transversis numerosis. Pedunculus sesquipollicaris usque bipollicaris apice pauciflorus, quadriflorus, quinqueflorus. Bracteae acuminatae. Flos prope dimidium pollicem longus, flaveolus, tepalis albidis violaceo praetextis.

Desengaño in Costa Rica. 9. 5. 1857.

103. Lepanthes Wendlandi: effusa, disticha, caule secundario folio bis longiori, vaginarum arctarum nervis calvis, ostii limbis cordatis, acuminatis, hispidis, folio papyraceo cuneato oblongo acuminato, pedunculo capillari apice fractiflexo, bracteis ochreato acuminatis, ovariis pedicellatis, sepalo summo late triangulo apiculato, lateralibus ultra medium connatis basique sua cum sepalo summo Masdevalliae more bene connatis, tepalis dolabriformibus cum apiculo in medio, labelli cruribus peltatis ligulatis minutis.

Planta caespitosa. Caules secundarii usque quinque pollices alti. Folium duos pollices altum, duas pollicis tertias latum, papyraceum, nervosum. Pedunculus solitarius folii laminam non aequans. Flos pollicem prope attingens, siccus purpureoviolaceus.

„Gelb mit kirschroth".

Vulkan de Barba in Costa Rica. 11. 7. 1857.

Icones.

Tab. IX. **Lepanthes Wendlandi** Rchb. fil. II. Planta. 5. Flos expansus +. 6. Columna cum labello et tepalis +.

104. Lepanthes horrida: elongata, vaginis limbisque vaginarum dense muricatis, foliis cuneato oblongis acutatis, summo apice tridentatis, pedunculo capillari apice racemoso fractiflexo, sepalo superiori triangulo caudato, inferiori subaequali medium usque connato bicaudato, tepalis utrinque longe extensis acuminatis, hispidulis, labelli lacinia media minutissima ligulata hispida, cum utroque triangulo acuminato angulo interno inferiori sessili, carina per medium.

Caulis tres quatuor usque pollices altus, valde rigens papillis acuminatis ipsi aequilatis. Folium subtenue, fere pollicem longum, vix dimidium pollicem latum. Flores prope pollicem longi, valde tenues, flavi fuisse visi.

Desengaño in Costa Rica. 9. 5. 1857.

105. Lepanthes tipulifera: elongata, caulis vaginis minutissime velutino muriculatis, vaginis ostio cordatis acuminatis limbo hispidis, folio oblongo

lanceolato acuto, pedunculo sursum racemoso, bracteis ochreatis acutis dorso hispidulis, sepalis ligulatis acuminatis, tepalis bicruribus, cruribus linearibus, labello
cordato apice bilobo, lobis obtusangulis cum apiculo minuto interjecto.
Humillima, pusilla. Caulis secundarius pollicaris. Folium lineas tres quatuorve
altum, vix lineas duas et dimidiam latum. Racemus usque quatuordecim flores
parvos purpureos effert.
Desengaño in Costa Rica. 9. 5. 1857.

Icones.

Tab. X. **Lepanthes tipulifera** Rchb. fil. IV. Planta. 17. Flos +.
18. Labellum +. 19. Tepalum +.

106. **Lepanthes blepharistes:** elongata, caulis vaginis subcalvis,
vaginis ostio cordatis acuminatis limbo hispidis, folio cuneato oblongo acuminato
apice egregie triserrato, pedunculo sursum racemoso, bracteis acuminatis hinc
illinc praecipue sub nervo medio muriculatis, sepalis basibus suis omnibus connatis
triangularibus acutis limbo papilloso ciliatis, tepalis oblongis utrinque acutis, lobulo
acuto intus infra superaddito, labelli partitionibus rhombeis, extus ciliolatis, intus
cum limbo parallele carinatis.

E minoribus. Caules secundarii densissime caespitosi duos tresve pollices
alti, dense vaginati vaginis denis duodenisve. Ostia vaginarum eximia magna,
ita ut caulis quasi biserratus appareat. Folium parvum duas tertias pollicis non
superans. Pedunculus nunc usque viginti duos flores gerit. Flores flaveoli fuisse
visi tertiam pollicis longi.
Desengaño in Costa Rica. 5. 8. 1857.

107. **Restrepia ujarensis** Rchb. fil. supra pag. 57!
Jam cl. Oersted monuit, analysi facta sese florem haud talem reperisse,
qualis a me descriptus fuisset. Et profecto! singularis planta dimorphos gerit
flores — alios tales, quales olim descripsi; alios contra tepalis obtusis, labelli lobo
antico obtuse acuto, columnae androclinio retuso denticulato. Porro planta Wendlandiana caret guttis obscuris in basi sepalorum. Utraque semper pollinia quaterna
gerit, unde Restrepiam esse constat.
„Blüthe weiss."
Cartago in Costa Rica. 30. 3. 1857.

Icones.

Tab. X. **Restrepia ujarensis** Rchb. fil. I. Planta. Analyses florum,
quales olim descripsi: 1. Flos +. 2. Sepalum inferius +. 3. Labellum expansum +.
4. Tepalum +. 5. Columna a latere visa +. — Analyses florum, quales inter
illos nunc decepi. Talem cl. Oersted inspexisse videtur. 6. Flos +. 7. La-

bellum ╋. 8. Tepalum ╋. 9. Columna a latere ╋. 10. Columna antice ╋.
10 b. Anthera intus visa ╋.

108. Restrepia xanthophthalma Rchb. fil. in Hamb. Gartenz.
1865. 300: vaginis caulis ancipitibus amplis longe acutis infimis maculatis; folio
cuneato oblongo seu ovali apice acuto minute emarginato, pedunculis unifloris,
sepalo summo lineari in apicem teretiusculo incrassatum extenso, sepalo inferiori
obovato apice bidentato, tepalis sepalo summo subaequalibus brevioribus, labello
oblongo ante basin utrinque seta semilunata libera, antice subtilissime serrulato,
nunc medio expanso, columna clavata.

Plantula lepida. Flores albidi purpureo maculati, oculo aurantiaco utrinque
in basi. Ovaria curvula purpureo punctulata. Sepala deorsum spectantia, summo
antrorsum verso. Tepala recte deorsum porrecta.

In einer Barranca bei Guatemala. 16. 1. 1857.

Obs. Huc videtur pertinere Restrepia No. 73 a cl. Oersted lecta cf. p. 58.

109. Masdevallia cupularis: affinis Masdevalliae lepidae Rchb. fil.
cupula ampla brevi triangulis liberis aequalibus caudas non aequantibus, tepalis
lato ligulatis apice obtusis emarginatis, labello cordato lineariligulato obsoletissime
utrinque ante medium subloboso, apice papilloso asperulo.

Folium a cuneo basilari tenui oblongum obtuse acutum siccum superne ver-
nixium nervis tribus bene prominulis. Pedunculi breves (sed decisi sunt, nec cum
foliis cohaerent). Bractea angusta tubulosa acuta brevis. Flores caudis inclusis
pollicem fere longi, sicci pallide brunnei. Columna postice apiculata, utrinque
obtusangula.

Desengaño in Costa Rica. 5. 8. 1857.

Stelis Sw.

Fl. Ind. Occ. 1549!

§. 1. **Eustelis.** c. **monostachyae.** 2. **brachypodae.** L. Folia II.
Stelis pag. 2.

110. Stelis thecoglossa: affinis Stelidi Tweedianae folio a basi
anguste cuneata oblongo obtusiusculo, racemo elongato distichifloro, bracteis ochreatis oblique retusis, sepalis semiconnatis, trinerviis, tepalis rhombeis obtusis toto
dimidio superiori carnosis, labello transverse subquadrato limbo toto involuto, columna
a basi angustiori ampliata.

Caulis secundarius quantum praesto est paulo ultra bipollicaris. Folium
fere quatuor pollices longum, vix dimidium pollicem latum apice obtusatum, tridentatum, crassiusculum. Spatha anceps acuta parva. Pedunculus octo usque novem
pollices longus, multiflorus, basi infima per fere duos pollices vaginis distantibus
quaternis ochreatis acutis.

Tota inflorescentia inclusis floribus viscosa videtur fuisse, cum arenae massulae aliaque granula eidem adhaereant.

Plantam huc retuli, nec ad § III., Labiatas, cum perigonii licet altius connati partes sint subaequales.

„Blüthe bräunlich grün.“

Desengaño in Costa Rica. 5. 8. 1857.

111. Stelis microstigma: affinis Stelidi stenophyllae folio a basi longe petiolari oblongoligulato, obtuse acuto, inflorescentia bene breviori, racemo secundo, bracteis cupulatis acutis, sepalis ovatis apiculatis, tepalis ab ungue brevi reniformibus obtusis, toto disco superiore incrassatis, labello cordato transverse semiovato acuto, columnae buccis erectis emarginatis, rostello supra foveam minutam erecto.

Caules secundarii vix pollicares vaginis castaneis nervosis, vagina suprema ampla. Folium vix duos pollices longum parte petiolari parti laminari aequilonga. Pedunculus quinque pollices longus, infra vaginis duabus tribusve, superne densiflorus. Bracteae amplae involutione quasi subcordatae. Flores ex parvulis, sepalis lineam vix excedentibus.

Desengaño in Costa Rica. 9. 5. 1857.

Icones.

Tac. VIII. **Stelis microstigma** Rchb. fil. IV. Planta. 10. Flos expansus +. 11. Labellum +. 12. Tepalum +. 13. Columna +.

112. Stelis lancilabris: nulli affinis, dense caespitosa, caulibus primariis brevibus, folio linearispatulato obtuso brevioribus, racemo secundo, ovariis pedicellatis bracteas longe excedentibus, sepalis triangulis acuminatis, lateralibus basi ima connatis, tepalis subaequalibus angustioribus minoribus, labello a basi subcordata ligulato acuminato, columnae buccis obtusatis.

Planta parvula, vultu pleurothalloideo, sed columna bene genetica. Caules secundarii vaginis membranaceis dense appressis. Folium prope pollicem longum, superne paulo dilatatum, duas lineas latum. Flores vulgo duodecim omnino enervii visi. Ovaria pedicellata quam sepala bis usque ter longiora.

„Gelbgrün.“

Desengaño in Costa Rica. 9. 5. 1857.

Icones.

Tab. VIII. **Stelis lancilabris** Rchb. fil. II. Planta. 3. Flos +. 4. Labellum +. 5. Columna +.

113. **Stelis obscurata**: affinis Stelidi costaricensi caulibus secundariis abbreviatis vaginatis, folio bene petiolato cuneato oblongo acuto, pedunculo basi parce vaginato, sursum dense secundifloro, bracteis cupulatis herbaceis (!), sepalis semiovatis obtuse apiculatis trinerviis, intus microscopice scaberulo velutinis, tepalis ab ungue brevi reniformi rhombeis limbo incrassato, labello rhombeo, dimidio inferiori breviori, limbo anteriori incrassato, callo transverso ante basin, columna utrinque angulata.

Dense caespitosa. Caules secundarii vix pollicares. Folium bene crasso coriaceum, parte petiolari laminae apice summo tridentatae dimidium aequante. Inflorescentiae folia paulo excedentes, nunc geminae. Bracteae obscurae herbaceae, uti in Stelide costaricensi valde insignes. Columna basi valde attenuata. Sepala lineam prope excedentia.

„Dunkel braunrothe Blüthe."

Desengaño in Costa Rica. 10. 5. 1857.

Icones.

Tab. VIII. **Stelis obscurata** Rchb. fil. I. Planta. 1. Flos +. 2. Columna +.

114. **Stelis microtis**: caule secundario folio longiori, folio a petiolari parte cuneato oblongo obtuse acuto, racemo longius exserto, distichifloro, bracteis ochreatis apiculatis, sepalis semiovatis obtuse acutis, trinerviis, tepalis minutis rhombeis limbo externo incrassatis, labello transverse rhombeo antice obtusato, callo transverso ante basin antice in crura duo excurrente, columnae buccis obtusatis erectis.

Caules secundarii usque duos pollices alti vaginis castaneis nervosis arctis. Folium sesquipollicare parte quidem petiolari laminae dimidium excedente. Tela folii bene carnosa. Flores illis Stelidis Miersii vix majores.

Desengaño in Costa Rica. 9. 5. 1857.

Icones.

Tab. VIII. **Stelis microtis** Rchb. fil. III. Planta. 6. Flos expansus +. 7. 8. Labella +. 9. Columna antice +.

§ I. **Eustelis** c. **monostachyae**. 4. **Barbatae**.

115. **Stelis leucopogon**: caule secundario folio a basi longe cuneata ligulato apice obtuse acuto breviori, inflorescentia folium subaequante, nunc excedente, sepalis subcordatis transverse ovatis obtuse acutis quinquenerviis, antice apicem versus papillis albis brevibus breve barbatis, tepalis lata basi sessilibus, trilobis, extus incrassatis, labello transverso basi utrinque retrorsum auriculato,

antice limbo transverso involuto umbone in medio, callo rotundo in disco, papulis aggregatis utrinque, androclinii buccis rotundatis, valde evolutis.

Caules secundarii sesquipollicares usque tripollicares, vagina summa castanea elongata. Folium usque quinque pollices longum, dimidium pollicem latum. Flores distichi. Bracteae ochreatae ovariis pedicellatis multoties breviores. Sepala lineas tres longa.

„Die einen Exemplare mit gelber, die andern mit gelbrother Blüthe." Cl. Wendland utramque caute separavit, sed discrimina specifica non reperi. Desengaño in Costa Rica. 10. 5. 1857.

Icones.

Tab. IX. **Stelis leucopogon** Rchb. fil. I. Planta. 1. Flos expansus +. 2. Tepalum +. 3. 4. Labella +.

§ III. Labiatae.

116. **Stelis pardipes**: caule secundario basi vaginis maculatis obtecto folio longiori, folio a petiolari basi oblongo obtuse acuto, racemo multifloro, inflorescentia spirali, bracteis ochreatis acutis ovariis pedicellatis brevioribus, floribus nutantibus, sepalo dorsali majori, sepalis lateralibus dimidium versus connatis, omnibus trinerviis, tepalis rhombeis a basi latiuscula utrinque obtusangulis, apice cuspidatis, labello subaequali, sed flabellato retuso medio longe cuspidato, columnae buccis utrinque obtusangulis, rostello longe producto ligulato.

Caules secundarii tres usque sex pollices longi. Vaginae apice oblique retusae guttis pulchre violaceis, basi nunc omnino violaceae. Folium caule secundario paulo brevius, dimidium pollicem fere latum. Flores duas usque tres lineas longi. Desengaño in Costa Rica. 9. 5. 1857.

Pleurothallis R. Br.

H. Kew. V. 231.

§ 1. Elongatae Lindl.

117. **Pleurothallis plumosa** Lindl. B. Reg. 1842. XXVIII. Misc. p. 72! Lindley Folia II. Pleurothallis No. 157!

Naranjo in Costa Rica 23. 3. 1857. „Blüthen braun." Turialba in Costa Rica. 27. 3. 1857.

118. **Pleurothallis naraniensis**: affinis Pleurothallidi pulchellae Lindl. caulibus secundariis ima basi valde obvelatis ceterum nudiusculis, folio bene petiolato oblongo obtusato emarginato superne vernixio, pedunculis aggregatis pluribus, multifloris, bracteis ochreatis retusis, sepalo superiori galeato, sepalis lateralibus semifidis seu liberis ligulatis obtuse acutis, tepalis ligulatis acutis, la-

bello a basi dilatato, laciniis lateralibus subquadratis, lacinia antica tota triangula, columnae androclinio membranaceo retuso.

Bene accedit ad Pleurothallidem pulchellam. Recedere visa foliis longe minoribus 4—5″ longis, ⅔″ latis, superne bene vernixiis, siccis longe aliter rugosis, quam folia Pleurothallidis pulchellae. Spicae congestae, geminae, ternae. Bracteae retusae acutae multo arctiores. Flores duplo minores, breviores, statu sicco coloris illorum Pleurothallidis rhodoxanthae. Labellum a cuneo basilari melius rhombeum. Columnae apex bene diversus.

Naranjo in Costa Rica. 29. 3. 1857.

§ 2. Effusae Lindl.

119. **Pleurothallis Pantasmi** Rchb. fil. supra pag. 58.
„Hülle grün. Lippe dunkelbraun."
Zwischen Cartago und Naranjo in Costa Rica. 29. 3. 1857.

§ 3. Aggregatae Lindl.

120. **Pleurothallis ruscifolia** R. Br. H. Kew. V. 211! Epidendrum ruscifolium L. Sp. 1353! Jacq. Am. 226. t. 133. t. 3! Dendrobium ruscifolium Sw. N. Act. Ups. 6. 84! — Pleurothallis ruscifolia R.Br. Hook. Ex. 197. Lindl. G. & Sp. Orch. p. 5! Folia II. Pleurothallis No. 83! Pleurothallis succosa Lindl. G. & Sp. Orch. p. 5! Pleurothallis multicaulis Pöpp. Endl. I. t. 82!
„Gelbgrün."
Desengaño in Costa Rica. 5. 8. 1857.

121. **Pleurothallis phyllocardia:** aff. Pleurothallidi cardiothallidi Rchb. fil. folio cordato oblongo acuminato, spatha ancipiti oblonga obtuse acuta nigro punctulata, sepalo superiori oblongo obtuse acutiusculo, sepalo inferiori subaequali paulo latiori, tepalis falcatis uninerviis denticulatis brevioribus, labello cordato oblongo apiculato, utrinque medio sinuato.

Caules secundarii usque pedales vaginis distantibus retusis vaginati. Folia ultra duos pollices basi lata, quatuor pollices usque longa, bene acuminato attenuata. Flores aperti ab apice superioris sepali ad apicem inferioris sepali duas pollicis tertias aequantes.
„Hülle dunkelroth, abwärts nach innen gekehrt."
Desengaño in Costa Rica. 31. 5. 1858.

§ 4. Muscosae Lindl.

122. **Pleurothallis Fuegi:** affinis Pleurothallidi cabellensi Rchb. fil. caespitosa, pusilla, foliis a parte petiolari elongato oblongis obtuse acutis, racemis

13

capillaribus, folia paulo excedentibus, mento floris angulato, sepalis oblongis aristatis, tepalis ligulatis apice dilatatis utrinque et apice obtusangulis, labello unguiculato subcordato rotundato ligulato pandurato, trinervi, nervis lateralibus medio carinigeris antice evanescentibus, columnae androclinio membranaceo trilobo, lobis lateralibus juxta stigma.

Plantula perpusilla tenella caespites densos inter Jungermannias efficiens vultu Pleurothallidis cabellensis Rchb. fil. et alatae A. Rich. Gal., quae floribus corymbosis optime recedit. Radices palliatae, strato externo de strato centrali laxe separato. Caules secundarii brevissimi, paucilineares vaginis albis laxis tecti. Folia longe petiolata, parte petiolari laminam subaequante. Totum folium usque pollicem longum. Lamina cuneato oblonga, seu cuneato ligulata, seu cuneato rotunda apice tridentata, margines telae pergameneae nervis valde prominulis, nervo etiam marginali. Pedunculi racemosi folium nunc pluries excedentes. Flores sesquilineam longi pedicellis ex bracteis ochreatis non emersis, telae tenuissimae.

Vulcan de Fuego in Guatemala. 20. 1. 1857.

Icones.

Tab. X. **Pleurothallis Fuegi** Rchb. fil. II. Planta. 11. Flos +. 12. Tepalum +. 13. Labellum expansum +. 14. Labellum a latere +. 15. Columna +.

123. Pleurothallis marginata Lindl. Bot. Reg. 1838, misc. 70! Folia II. Pleurothallis No. 225.

Zwischen den Vulkanen de Fuego und del Agua in Guatemala. 20. 1. 1857.

124. Liparis bituberculata Lindl. Bot. Reg. 882! Cymbidium? bituberculatum Hook. Ex. t. 116! Liparis elata Lindl. Bot. Reg. 1175!

La Muella in Costa Rica. 12. 8. 1857.

125. Liparis Wendlandi: humilis, folio cuneato late ovato acuto, racemo subsecundo, nunc quaquaverso, plurifloro, sepalis ligulatis obtuse acutis, tepalis linearibus, labello basi utrinque minutissime retrorsum auriculato late ligulato antice dilatato emarginato, toto limbo minute serrulato, lineolis callosis ternis brevibus a basi in discum, columna humillima.

En plantulam lepidissimam, Liparidi capensi Lindl. *) simillimam, sed monophyllam. Pseudobulbi vaginae externae suberosae. Vagina externa cellulis destructis rete reticulatum offert. Caulis pseudobulbo juveni incluso duos pollices altus, nunc unipollicaris. Folium a parte angustiore vaginali ovatum acutum,

---

*) Haec omnino eadem planta, ac illa, quae in Harvey Thes. II. p. 7. Liparis Pappei nominatur.

latum, prope pollicem longum, pedunculo anantho vulgo aequilongum. Caulis supra folium omnino aphyllus, angulatus. Racemus usque tredecimflorus. Bracteae ligulatae obtuse acutae uninerviae. Ovarium pedicello bene sejunctum turbinatum. Sepala sesquilineam longa. Columna brevis est et utrinque truncata angulata. Labium semiovatum ex stigmatis limbo inferiori quasi tegmen foveae assurgit. Androclinium subquadratum marginatum, in processum rostellarem spatulatum extensum. Anthera connectivo triangulo loculis obliquis. Pollinia parallela. Duo specimina adsunt diphylla, folio altero minutissimo.

„Blüthe grün."

San José in Costa Rica an Bäumen. 17. 7. 1857.

Microstylis Nutt.

Gen. Am. II. 196.

§ 1. Monophyllae.

126. Microstylis macrostachya Lindl. G. & Sp. Orch. 21! Ophrys macrostachya Lex. Nov. Gen. Mex. II. 9! Walp. Ann. VI. 207! Dienia calycina Lindl. G. & Sp. Orch. 23!

„Blüthe grüngelb."

Auf Triften am Fusse des Vulcan de Barba in Costa Rica. 5000'. 11. 7. 1857.

127. Microstylis ichthyorrhyncha: caule gracili, monophyllo, folio sessili cordato oblongo acuto, racemo elongato laxiusculo, bracteis minutissimis triangulis ovariis longipedicellatis longe brevioribus, sepalo summo triangulo angusto, sepalis lateralibus connatis varie fissis, binervibus, tepalis a latiori basi lineari-ligulatis uninerviis, labello sagittato oblongo triangulo, linea callosa marginante ante apicem incurrente.

Malaxis ichthyorrhyncha (lapsu calami „ichthiorhynca") A. Rich. Gal. in Ann. sc. nat. l. c. p. 18. No. 21! In tabula citata, cujus unicum specimen adhuc servatum ad manus habeo, lego: „Microstylis ichthyorhynca Nob."

Microstylis cochleariaefolia Rchb. fil. Linnaea XXII. p. 804! Non potui eruere ex descriptionibus Richardianis, quaenam esset planta quam tenui. Legis enim l. c. haec.

Malaxis ichthiorhynca Nob. tab. 5. fig. 4. Pusilla: folio sessili late cordiformi: floribus luteolis; spica gracili, labello sessili, basi concavo, superne linguae-formi acuto.

Malaxis cochleariaefolia Nob. Folio ovali-cordato, concavo; floribus viridibus; spica gracili elongata: labello cordato acuto, concavo.

13 *

In herbario Richardiano reperi flores duos in capsula signata nomine plantae et addito loco Huatusco et iconem a b. Galeotti depictam, quae certe nostram plantam indicat. Malaxis cochlearifolia omnino juxta iconem Galeottianam videtur descripta. Quae si bene confecta est optime recedit a Microstylide ichthyorrhyncha tepalis triangulo divaricatis patentibus, nec deflexis et labello cordiformi acuto sepala lateralia non dimidio aequante. Sepala lateralia ad labelli apicem usque sunt fissa. Num sint libera, num bifida, non intelliges ex icone, quam me inspexisse debeo cl. Prilleux.

Planta Wendlandiana spithamaea a planta mexicana et ab icone Galeottiana recedit internodio subfoliari usque tripollicari, dum in illis sesquipollicare idem reperitur internodium. Sed hoc mihi levioris notae. Folium ultra pollicem longum, pollicem latum, distanter nervatum, reti nervorum tessellato; tesseris amplis. Racemus pluriflorus, rhachi supra folium fere per dimidium pollicem anantha. Flores floribus Microstylidis monophyllae paulo majores.

,,Blüthe weiss.''

Vulcan de Barba in Costa Rica. 11. 7. 1857.

§ 2. Diphyllae.

128. **Microstylis Parthoni** Rchb. fil. Walp. Ann. VI. 206! supra pag. 59. Moneo in eadem inflorescentia flores occurrere sepalis inferioribus connatis, semiconnatis, liberis. Specimen Wendlandianum hinc labello lobulato gaudens.

San José in Costa Rica. 17. 7. 1857.

129. **Microstylis Parthoni** Rchb. fil. var. **denticulata:** labello minute denticulato.

,,Hülle grün. Lippe braun.''

Ueber Azari in Costa Rica. 16. 6. 1857.

130. **Microstylis crispifolia:** aff. Microstylidi ventricosae Pöpp. Endl.! foliorum petiolis liberis, laminis oblongis acuminatis limbo crispulis, pedunculo angulato exserto apice fastigiato corymboso, bracteis linearisetaceis ovaria pedicellata dimidia subaequantibus, labello a basi rotundata rhombeo, angulis posticis in cornua falcata extensis, antice acuminato, linea limbosa ante apicem per labellum transverse currente.

Plantula extus Microstylidi ventricosae Pöpp. Endl.! bene similis, sed petiolari parte foliorum libera, bracteis elongatis, labelli indole abunde diversa. Tota planta quatuor usque sex pollices alta. Folia usque ultra bipollicaria. Totum rete fasciculorum bene reticulatum, nervulis transversis in speciminibus siccis bene prominulis.

Desengaño in Costa Rica. 9. 5. 1857.

131. **Microstylis hastilabia:** aff. Microstylidi ventricosae Pöpp. Endl.! foliorum petiolis abbreviatis, laminis oblongis acuminatis, pedunculo angulato exserto apice fastigiato corymboso, bracteis triangulis acuminatis ovariis pedicellatis multo brevioribus, membranis serrulato denticulatis de nervi medii pagina inferiori descendentibus, sepalis ligulatis obtuse acutis, tepalis filiformibus, labello a basi rotundata utrinque divergenti aurito, auribus triangulis, demum oblongo apice constricto retuse trilobulo, linea callosa per medium, papula anteposita, linea callosa utrinque juxta limbum.

Planta pedalis. Caulis ima basi bulbosus vaginis duabus in basi. Folia approximata, usque quinque pollices longa, tres lata. Pedunculus angulatus, angulis superne membranaceis. Flores illis Microstylidis ophioglossoidis paulo majores.

„Blüthen dunkelgrün."
Vulcan de Barba in Costa Rica. 8000'. 11. 7. 1857.

132. **Microstylis lagotis:** aff. Microstylidi umbellatae Lindl. caule elongato medio diphyllo, foliis petiolatis sessilibus ac suboppositis a basi late rotundata seu late cuneata oblongis acuto acuminatis, pedunculo angulato exserto apice fastigiato corymboso, sepalis ligulatis, tepalis lineari filiformibus, labello subcordato ovato apice tridentato, carina crassa denticulata utrinque juxta limbum, carina integerrima interjecta.

Planta ultra pedalis. Pseudobulbi turbinati seriati in sympodio persistenti. Caulis basi vaginis paucis laxiusculis acutis vestitus, dein ad folia usque per spatium pollicum trium seu quatuor nudus, diphyllus. Folia, uti jam dixi, sessilia, seu libere petiolata, ovata, basi late cuneata seu rotundata, acuminata; quinque usque pollices longa, prope tres pollices lata. Pedunculus superne nudus usque ad inflorescentiam corymboso fastigiatam, illi Microstylidis fastigiatae simillimam. Bracteae triangulo acuminatae ovariis pedicellatis longe breviores. Sepala trinervia. Tepala quinquenervia.

„Hell grüngelb."
Vulcan de Barba in Costa Rica. 9000'. 11. 7. 1857.

133. **Microstylis simillima:** aff. Microstylidi lagoti labello concavo ovato acuminato, denticulo utrinque ante cuspidem superaddito, lineis callosis evanidis juxta limbum, disco omnino laevi.

Planta pedalis. Folia gemina cuneato oblonga acuminata quinque usque pollices longa, subopposita. Pedunculus bene exsertus apice per spatium ultra pollicare corymbosus. Bracteae, de quibus flores dejecti, persistentes, ligulatae, acutae, uninerviae. Sepala ligulata, paria erecta, sepalum impar deflexum. Tepala filiformia.

Desengaño in Costa Rica. 31. 5. 1857.

§ 3. Pleiophyllae.

134. Microstylis tipuloides Lindl. Ann. Nat. Hist. 1845. XV. p. 256.
Planta hucdum tantum juxta Popayan a Hartwegio semel lecta.
„Blüthe freudig grün."
Im Bache in der Nähe von San Miguel in Costa Rica. 20. 5. 1857.

IV. Orchideae Hoffmannianae.

Herr Dr. Carl Hoffmann, jetzt bereits verstorben, damals in San José in
Costa Rica, übergab Herrn Hofgärtner Wendland eine kleine Serie getrockneter
Orchideen, welche ich hier besonders aufzähle.

Ophrydeae Lindl.

1. **Habenaria macroceratitis** W. Sp. IV. 44! Orchis Habenaria
L. Sp. Pl. 1331! Sw. Obs. 319. t. 9! Habenaria macroceras Spreng. Syst. Veg.
III. 692!
Iconem Hook. B. Mag. 2947! mihi subdubiam consulto omitto inter citata.
Mirum, speciem jamaicensem nunc in Costa Rica lectam.

Neottiaceae Lindl.

2. **Spiranthes costaricensis** Rchb. fil. supra 46!
Costa Rica.

3. **Pelexia Hoffmanni**: racemo densiusculo, sepalo summo ligulato
obtuse acuto, sepalis lateralibus aequilongis limbo superiore revolutis, in perulam
elongatam obtusam, antice fissam extensis, labello ancipiti brevi obtusangulo rhombeo obtuso superne pilosulo supra fundum calcaris spurii antice inserto.
Planta subbipedalis caule supra rhizoma crassissimo. Folia petiolata cuneato
oblonga acuta congesta. Caulis superne vaginis apice foliaceis decrescentibus
paucis. Racemus pluriflorus densiusculus. Bracteae cuneato oblongae acutae limbo
ciliatulae ovaria gracilia pilosula aequantes. Flores forsan viriduli illis Haemariae
discoloris aequales. Sepalum summum ligulatum obtuse acutum. Sepala lateralia
aequilonga, infra in perulam cylindraceam obtusam antice fissam extensa, limbo
superiori revoluta. Tepala linearia obtuse acuta. Labellum parvum anceps obtusangulum rhombeum limbo interno pilosulum (cellulis superne dilatatis, inferne constrictis) supra fundum perulae. Columna brevis rostello acuto.
Barba in Costa Rica. 29. August 1855.

Epidendreae Lindl.

4. Epidendrum nonchinense Rchb. fil. Walp. Ann. VI. 324! Broughtonia chinensis Lindl. Hook. Lond. Journ. 1842. p. 492! Laeliopsis chinensis Lindl. Paxt. H. G. III. 105!

Costa Rica: Ojo de agua. 12. 1855.

5. Epidendrum Stamfordianum Bat. supra p. 36! 52!

Costa Rica: Ojo de agua. 1. 1857.

6. Epidendrum ionophlebium: affine Epidendro radiato labello cordato rotundo apiculato, ligula postica interna lineari obtusata.

Pseudobulbus turbinatus diphyllus. Folia lineariligulata acuta pedalia usque dimidium pollicem lata. Pedunculus brevis validus pauciflorus racemosus. Bracteae triangulae. Sepala ligulata acuta. Tepala cuneato ovata acuta. Labellum cordato rotundum transversum cum apiculo. Tumor velutinus ligulatus obtusus in ima basi. Androclinii limbus tridentatus: dentes laterales subfalcati obtusi; dens posticus minor ligulatus retusus; dens antepositus lineariligulatus sublongior.

Ab affini Epidendro radiato Lindl., cui colore aequale distinguitur labelli limbo integro nec lobulato, apiculato nec obtuso; calli indole; ligula interna androclinii postica lineariligulata nec latoligulata apice fimbriata.

Costa Rica: Curidabad. 5. 1857.

7. Ponera albida: aff. Ponerae leucanthae Rchb. fil. foliis linearibus apice bilobis, labelli trilobi lobis lateralibus obtusangulis, lobo antico semiovato.

Sympodia fusiformi teretia elongata articulata composita ex pluribus pseudobulbis. Vaginae juniores amplae breves retusiusculae. Folia gemina, linearia, tres quatuor usque pollices longa lineas subduas supra basin lata. Racemi terminales brevissimi. Vulgo vides quinque usque sex bracteas obtuse triangulas distichas. Flores illis P. leucanthae subaequales, „albi". Ovaria tenue pedicellata, quatuor lineas longa. Sepala ovata obtuse acutiuscula. Tepala lineariligulata obtuse acuta. Labellum descriptum. Columna gracilis semiteres utroque angulo antico tenuissime marginato; androclinio erecto; rostello triangulo supra foveam transversam porrecto.

Llanos del Carmen. 1. 1857.

Malaxideae Lindl.

8. Lepanthes sp. sine flore.
Barba. 8. 1855.

Obs. Haec ubi scripta fuerunt, ab amico Low Orchideas ex Costa Rica Tuckerianas obtinui, inter quas una quidem Orchidea indescripta, licet mibi ex decem annis cognita ex Nova Granada.

Maxillaria nasuta: aff. Maxillariae proboscideae Rchb. fil. vaginis pedunculi latissimis triangulis vernixiis nitidissimis summa vagina basin sepali imparis obtegente, mento vix evoluto, sepalis ligulatis acuminatis, tepalis tertia brevioribus, labello ligulato trilobo, lobis lateralibus obtusangulis medianis, lobo antico ligulato acuto producto, callo depresso inter lobos posticos antice obtusato, columna brevi crassa basi valde ampliata.

Praesto est specimen novogranadense a b. Schlim lectum. Folia usque tripedalia a basi angustiori lineari ligulata, duos usque pollices lata, apice inaequali acuta sicca adhuc nitida. Pedunculus quatuor fere pollices altus vaginis nitidis quatuor. Sepala ultra bipollicaria.

„Fleurs jaune d'ocre. Labelle pourpré." Lasita.

V. Orchideae Wullschlägelianae.

Herr Wullschlägel, der verstorbene Bischoff der Brüdergemeinde zu Herrnhut sammelte einige Pflanzen an der Moskitoküste, unter ihnen folgende vier Orchideen.

Vandeae Lindl.

1. **Dichaea trulla:** dense foliosa, foliis lineariligulatis acuminatis gramineis, pedunculis axillaribus uncialibus, bractea ampla cupulari apiculata, ovario papuloso, sepalis triangulis acutis, tepalis lanceolatis acutis, labello unguiculato hastato subsagittato semiovato antice retuso cum apiculo in medio, alula in dorso androclinii.

Der Stängel erreicht die Höhe von anderthalb Fuss. Die Blätter werden drei bis vier Zoll lang und beinahe zwei Linien breit; sie fallen unten nach und nach ab. Die Blüthe ist so gross wie die einer Maxillaria variabilis.

Pearlkey Lagoon auf Palmen. 5. 1. 1855.

2. **Oncidium ampliatum** Lindl. supra 47.
Pearlkey Lagoon. 5. 1. 1855.

Epidendreae Lindl.

3. **Epidendrum globosum** Jacq. Ann. 222. t. 133. f. 1. Cymbidium globosum Sw. Fl. Ind. Occ. 1467. Isochilus globosum Lindl. Gen. & Sp. Orch. 112.
Pearlkey Lagoon auf Palmen. 5. 1. 1855.

4. **Bletia Tibicinis** Rchb. fil. supra p. 40. 55.
„Stämme hohl, von Ameisen bewohnt."
Pearlkey Lagoon. 5. 1. 1855.

Tab. 1.

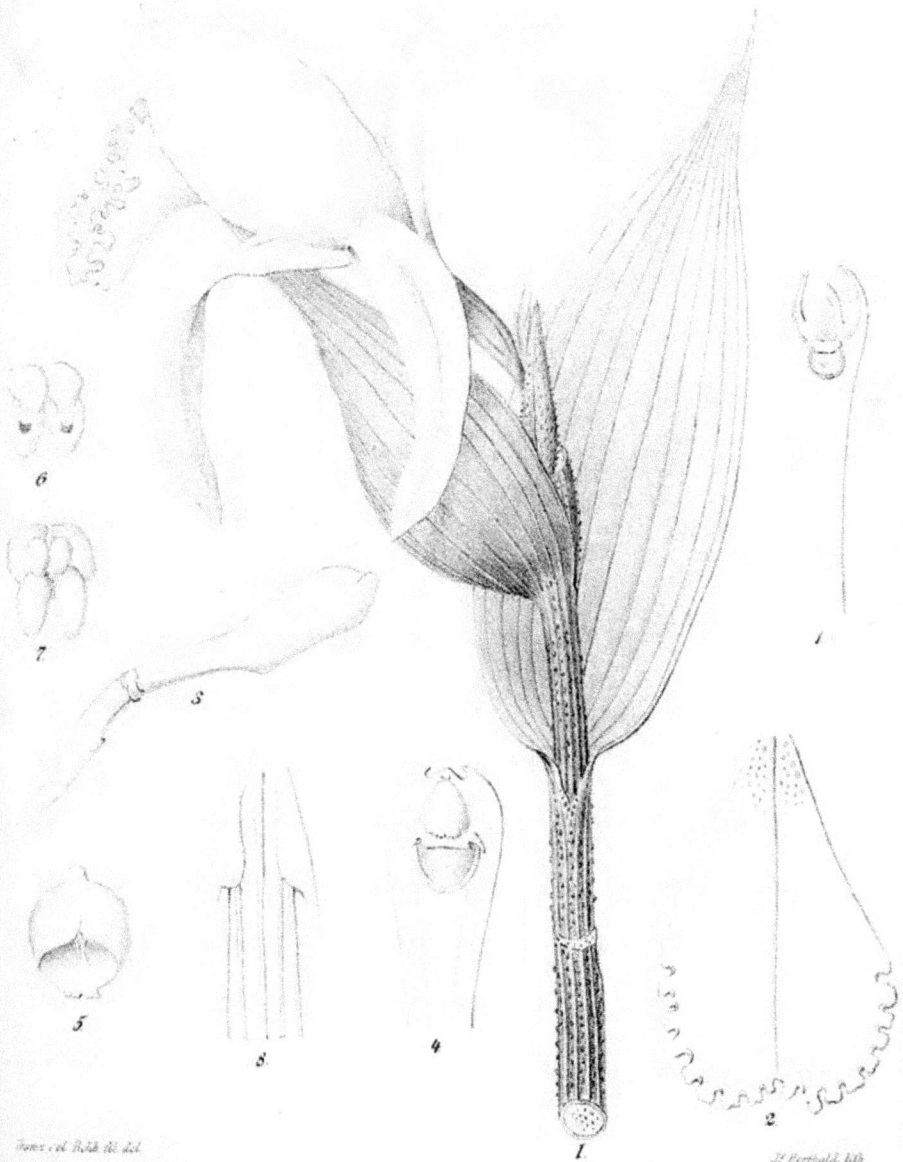

1. 1-2 Sobralia Warscewiczii Rchb.fil. 3-8 S. macrantha Lindl.

Tab. 2.

Rchb fil. del.

Jt Berthold lith.

Fregea amabilis Rchb fil.

Tab. 3.

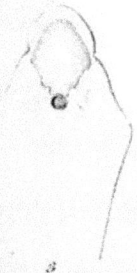

Thieme & Rchb fil. del.

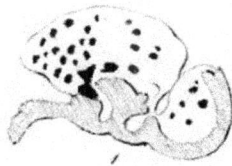

3

1

J.F. Berthold lith.

Acineta densa Lindl.

Tab. 4.

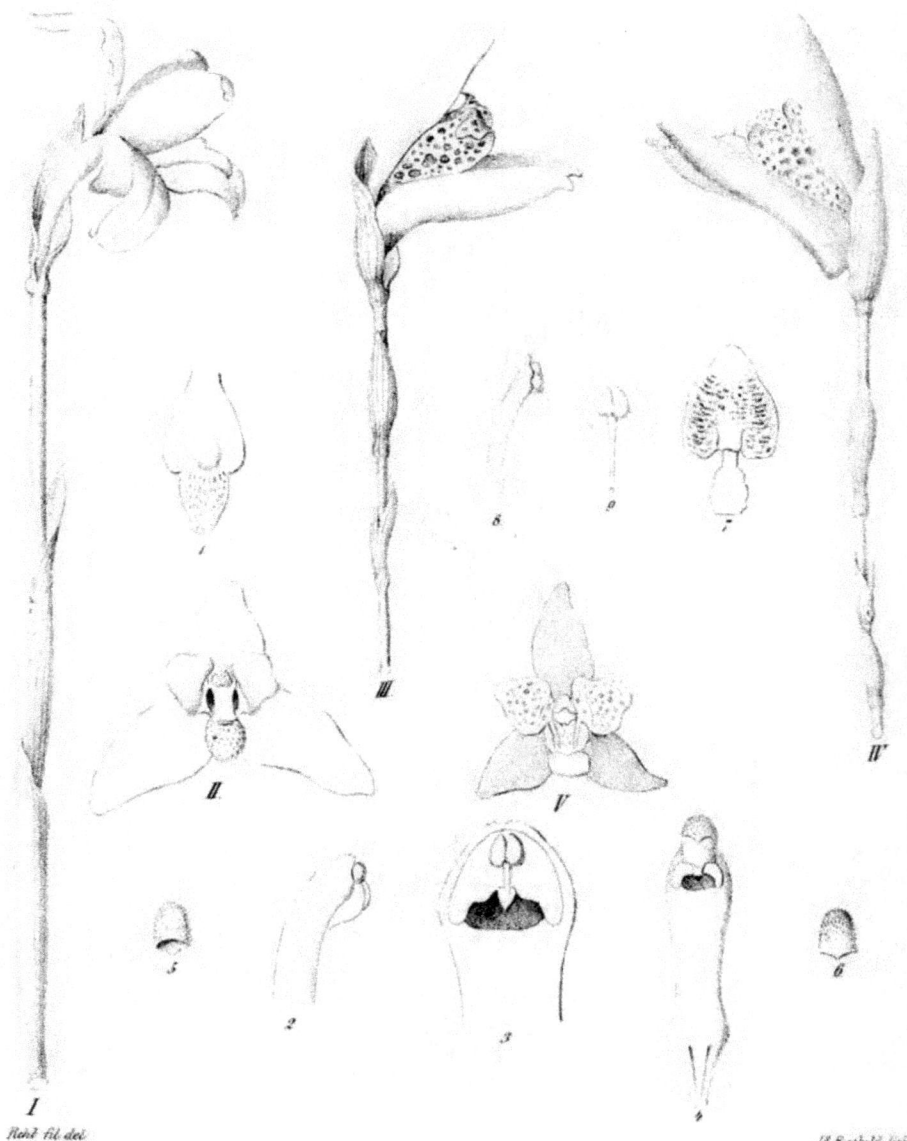

Rchb fil del.

J.F Berthold lith.

I.-II. 1-6 *Lycaste leucantha Klotzsch* III. IV. V. *Ly. tricolor Klotzsch.*

Tab. 5.

Lycaste candida Lindl

Tab. 6.

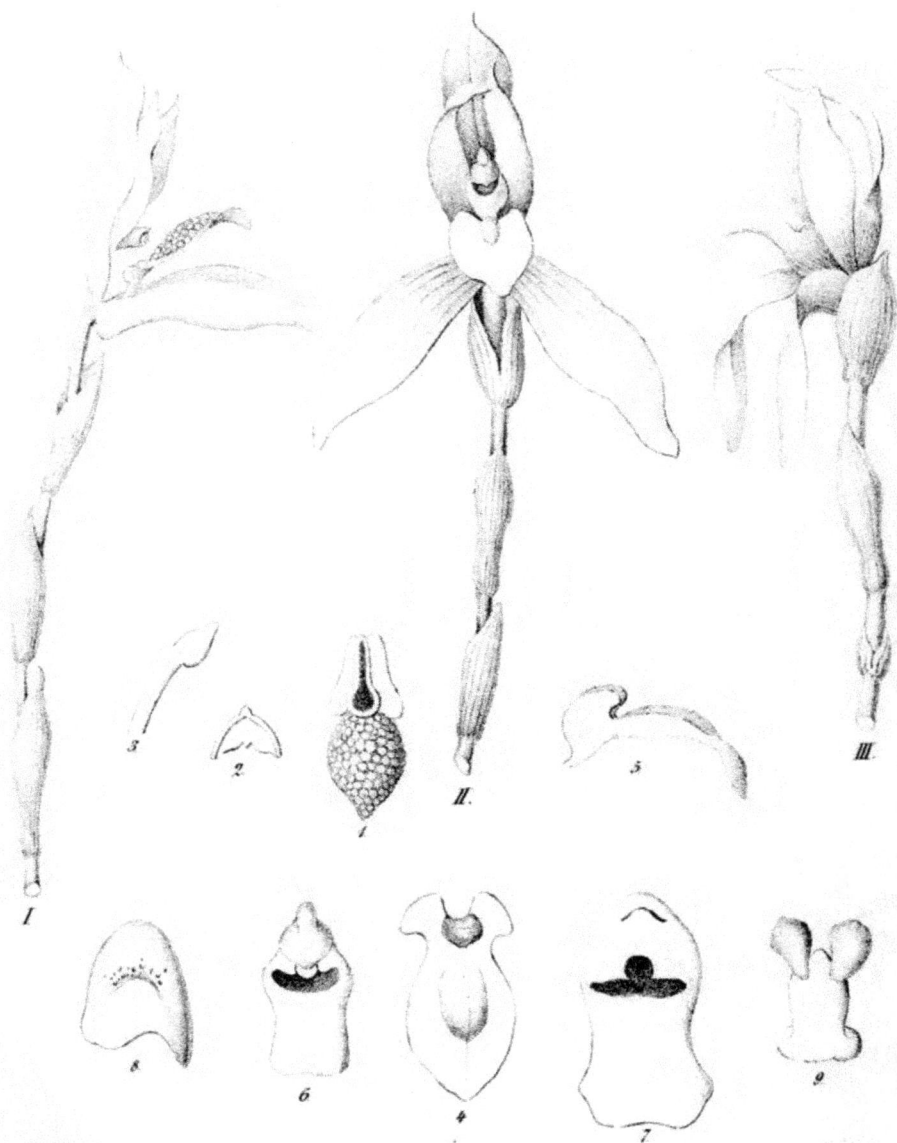

Rchb. fil. del.   J.º Berthold. lith.

I 1-3 Maxillaria atrata Rchb. fil. II-III 4-9 Maxil. obscura Lindl. et Rchb. fil.

Tab. 7.

Rchb. fil. del.

J.G. Berthold lith.

Mormodes Wendlandi Rchb. fil.

Tab. 8.

I. 1. 2. *Stelis obscurata* Rchb.fil. II. 3-5. *St. laucilabris* Rchb.fil. III. 6-9. *St. microtis* Rchb.fil. IV. 10-13. *St. microstigma* Rchb.fil.

Tab. 9.

I. 1-4 *Stelis leucopogon* Rchb. fil. II 5-6 *Lepanthes Wendlandi* Rchb. fil.

Tab 10

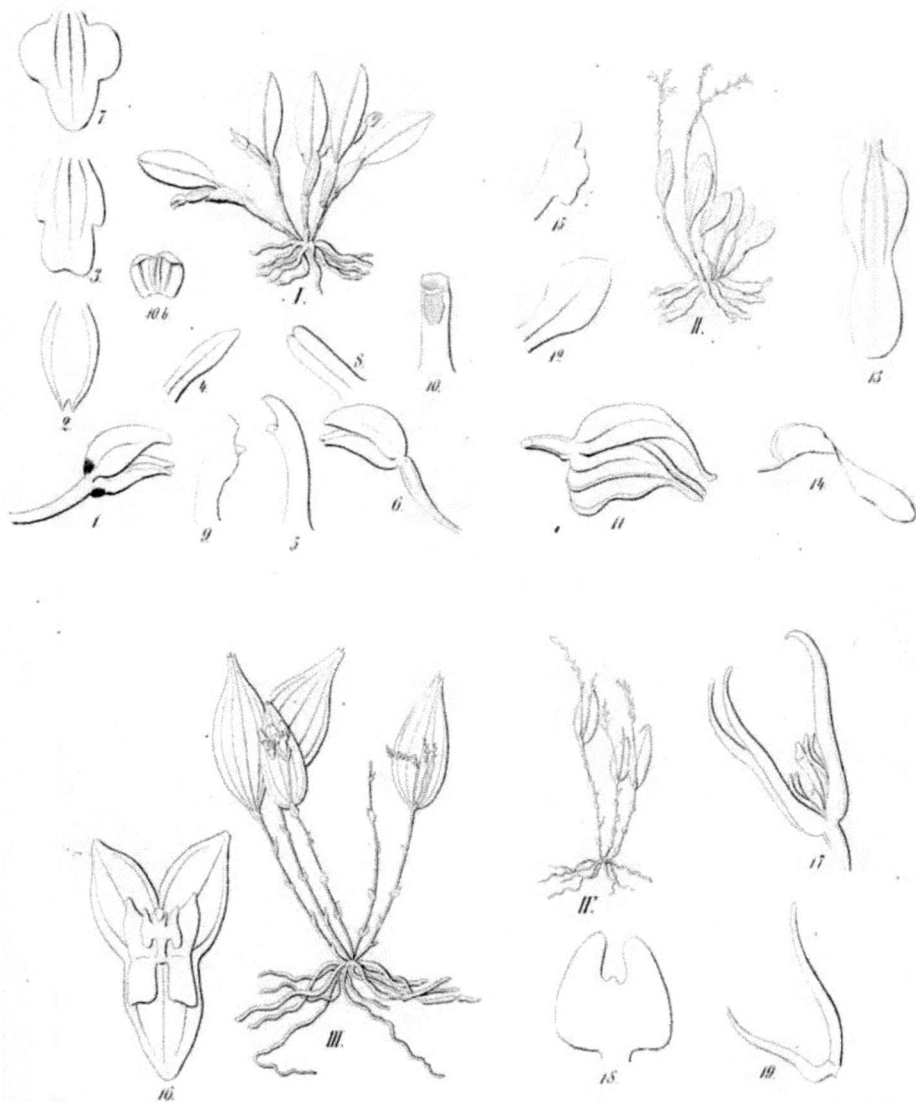

Deutsche Erklärung der Abbildungen.

(+ bedeutet eine vergrösserte Darstellung.)

Tafel I.

Sobralia Warscewiczii Rchb. fil. Gipfel des Stängels mit Blüthe. Hierbei urde eine an Ort und Stelle von Herrn v. Warscewicz gefertigte Skizze benutzt. 1. Säule von orn +. 2. Ausgebreitete Lippe eines getrockneten Exemplars. Dieselbe ist also natürlich weniger aus, als die Lippe der nach der lebenden Pflanze entworfenen Skizze.

Sobralia macrantha Lindl. Von dieser so oft abgebildeten Art hat man noch eine Analysen. 3. Blüthe, von der die Hülle abgeschnitten. Man sieht die ungleiche Einfügung er Hüllblätter und Lippe und die Ecke an der Säule. 4. Oberer Theil der Säule von vorn +. Staubbeutel von unten +. 6. 7. Pollinia von unten und oben +. 8. Grund der Lippe.

Tafel II.

* **Fregea amabilis** Rchb. fil. Zwei blühende Stängel. Dabei eine Lippe nebst Säule. on der Lippe ist ein Stück weggeschnitten, damit man die Anheftung der Säule sehe.

Tafel III.

Acineta densa Lindl. Blüthenstand. 1. Durchschnittene Lippe. 2. Dieselbe von en. 3. Säule von vorn +.

Tafel IV.

Lycaste leucantha Klotzsch. I. Blüthe seitlich. II. Die Blüthe von vorn. Lippe ausgebreitet. 2. Säule seitlich +. 3. Spitze der Säule +. 4. Säule und Staubbeutel n vorn +. 5. 6. Staubbeutel +.

Lycaste tricolor Klotzsch. III. IV. Blüthenstiele seitlich. V. Blüthe von vorn. Lippe ausgebreitet. 8. Säule seitlich +. 9. Pollenapparat +.

Tafel V.

Lycaste candida Lindl. I. Pflanze. II. III. Blüthen. IV. Eine solche seitlich. . Eine solche von vorn. 1. 2. Lippe im ausgebreiteten Zustand. 3. 4. Säule seitlich. 5. Säule on vorn.

Tafel VI.

Maxillaria atrata Rchb. fil. I. Blüthe seitlich. 1. Lippe ausgebreitet. 2. Säulen- ipfel ohne Staubbeutel +. 3. Säule seitlich.

Maxillaria obscura Lind. Rchb. fil. II. Blüthe von vorn. III. Dieselbe seitlich. 4. Lippe im ausgebreiteten Zustand. 5. Dieselbe seitlich. 6. Säule von vorn, nebst Staubbeutel +. 7. Dieselbe ohne Staubbeutel. 8. Staubbeutel seitlich +. 9. Pollinarium +.

Tafel VII.

Mormodes Wendlandi Rchb. fil. Blüthenstand. 1. Lippe ausgebreitet. 2. 3. 4. Säulen von vorn. Staubbeutel abgeworfen. 5. Staubbeutel von vorn. 6. Staubbeutel von hinten. 7. Pollinarium. Man sieht den Vorsprung auf der Caudicula.

Tafel VIII.

Stelis obscurata Rchb. fil. I. Pflanze. 1. Blüthe +. 2. Säule +.

Stelis lancilabris Rchb. fil. II. Pflanze. 3. Blüthe +. 4. Lippe +. 5. Säule +.

Stelis microtis Rchb. fil. III. Pflanze. 6. Ausgebreitete Blüthe +. 7. 8. Lippen +. 9. Säule von vorn +.

Stelis microstigma Rchb. fil. IV. Pflanze. 10. Ausgebreitete Blüthe +. 11. Lippe +. 12. Tepalum +. 13. Säule +.

Tafel IX.

Stelis leucopogon Rchb. fil. I. Pflanze. 1. Ausgebreitete Blüthe +. 2. Tepalum +. 3. 4. Lippen +.

Lepanthes Wendlandi Rchb. fil. II. Pflanze. 5. Ausgebreitete Blüthe +. 6. Säule mit Lippe und Tepalen.

Tafel X.

Restrepia ujarensis Rchb. fil. I. Pflanze.

Analysen der Blüthen, wie ich sie ehedem beschrieb:

1. Blüthe. 2. Unteres Sepalum +. 3. Ausgebreitete Lippe +. 3. Ausgebreitete Lippe +. 4. Tepalum +. 5. Säule seitlich +.

Analysen der andern Blüthenform:

6. Blüthe +. 6. Lippe +. 8. Tepalum +. 9. Säule seitlich +. 10. Säule von vorn +. 10 b. Staubbeutel von innen.

Pleurothallis Fuegi Rchb. fil. II. Pflanze. 11. Blüthe +. 12. Tepalum +. 13. Ausgebreitete Lippe +. 14. Lippe seitlich +. 15. Säule +.

Lepanthes Turialvae Rchb. fil. III. Pflanze. 16. Ausgebreitete Blüthe +.

Lepanthes tipulifera Rchb. fil. IV. Pflanze. 17. Blüthe +. 18. Lippe +. 19. Tepalum +.

Register.

	Pag.
Acineta densa Lindl.	21
Acineta sella turcica Rchb. fil.	21
Acineta Warscewiczii Kl.	21
Acropera armeniaca Lindl.	22
Acropera cornuta Klotzsch.	22
Anguloa Coryanthes Klotzsch.	24
Arpophyllum alpinum Lindl.	42
Arpophyllum Cardinalis Lind. Rchb. fil.	43
Arpophyllum giganteum Hort.	43
Arpophyllum medium Rchb. fil.	89
Aspasia epidendroides Lindl.	16, 17
Aspasia fragrans Klotzsch.	16
Aspasia Principissa Rchb. fil.	16
Bletia acaulis Rchb. fil.	41
Bletia glauca Rchb. fil.	18
Bletia lineata Rchb. fil.	40
Bletia rhopalorrhachis Rchb. fil.	55
Bletia rubescens Rchb. fil.	51
Bletia Tibicinis Rchb. fil.	40. 55. 104
Bletia undulata Rchb. fil.	
Var.! Costaricana Rchb. fil.	40
Bletia verecunda R. Br.	55. 88
Bletia violacea Rchb. fil.	55
Bletia Wendlandi Rchb. fil.	87
Bolbophyllaria aristata Rchb. fil.	60
Bolbophyllaria Oerstedii Rchb. fil.	60
Brassavola acaulis Lindl.	41
Brassavola glauca Lindl.	89
Brassavola lineata Hook.	40
Brassavola Matthieuana Klotzsch.	40
Brassavola rhopalorrhachis Rchb. fil.	55
	Pag.
Brassia Gireoudiana Rchb. fil.	20
Brassia Warscewiczii Rchb. fil.	20
Broughtonia aurea Lindl.	80
Broughtonia chinensis Lindl.	103
Calanthe mexicana Rchb. fil.	79
Camaridium ochroleucum Lindl.	49
Catasetum dilectum Rchb. fil.	73
Catasetum Oerstedii Rchb. fil.	23. 51
Catasetum Warscewiczii Lindl.	23
Cattleya crassifolia Deschamps	88
Cattleya labiata Lindl.	51
Cattleya Skinneri Bat.	32. 51
Chloidia sp.	5
Chysis aurea Lindl.	43
Chysis Brünnowiana Rchb. fil.	43
Coelia macrostachya Lindl.	41
Cranichis ciliata Kth.	62
Cranichis muscosa Sw.	46
Cranichis reticulata Rchb. fil.	62
Crybe rosea Lindl.	11. 66
Cycnoches aureum Lindl.	23
Cycnoches Dianae Rchb. fil.	24
Cycnoches ventricosum Bat.	23
Cycnoches Warscewiczii Rchb. fil.	23
Cymbidium? bituberculatum Hook.	98
Cymbidium graminoides Sw.	? 79
Cymbidium juncifolium W.	71
Cymbidium pusillum Sw.	71
Cymbid'um trichocarpon Sw.	79
Cypripedium caudatum Lindl.	44
Cypripedium longifolium Rchb. fil. Wswz.	44

Pag.

Cypripedium Warscewiczianum Rchb. fil. 44
Cyrtochilum Bictoniense Bat.......................... 14
Cyrtochilum maculatum Lindl.......................... 72

Dendrobium ruscifolium Sw.................... 97
Dendrobium tribuloides Sw.................... 59
Dendrobium utricularioides Sw. 72
Dienia calycina Lindl................................. 99
Dichaea sp. 48
Dichaea brachypoda Rchb. fil. 78
Dichaea graminea Gris. ,.................... 79
Dichaea graminoides Rchb. fil.................... 79
Dichaea Oerstedii Rchb. fil. 48
Dichaea trichocarpa Lindl.................... 79
Dichaea trulla Rchb. fil.................... 104
Dinema paleaceum Lindl. 80

Elleanthus hymenophorus Rchb. fil.......... 42. 89
Elleanthus sp..................... 42
Epidendrum sp..................... 8
Epidendrum alatum Bat..................... 33
Epidendrum aloifolium Bat..................... 36
Epidendrum articulatum Klotzsch............. 34. 51
Epidendrum atropurpureum W. 33. 51. 81
Epidendrum aurantiacum Bat.................... 80
Epidendrum aureum Lindl..................... 80
Epidendrum auritum Lindl. 80
Epidendrum Barbae Rchb. fil.................... 83
Epidendrum basilare Klotzsch.................... 36. 52
Epidendrum Brassavolae Rchb. fil. 35
Epidendrum calocheilum Hook. 33
Epidendrum campylostalix Rchb. fil........ 32. 80
Epidendrum Centropetalum Rchb. fil....... 37. 54
Epidendrum Chiriquense Rchb. fil.................... 33
Epidendrum cochleatum L. 52. 83
Epidendrum costaricense Rchb. fil.................... 52
Epidendrum cynostalix Rchb. fil. 37
Epidendrum discolor Rich. Gal.................... 52
Epidendrum difforme Jacq.................... 53. 86
Epidendrum equitans Lindl. 53
Epidendrum exasperatum Rchb. fil. 87
Epidendrum falcatum Lindl. 36. 51
Epidendrum firmum Rchb. fil. 87
Epidendrum flavovirens Rchb. fil.................... 85
Epidendrum floribundum H. B. Kth............ 85

Pag.

Epidendrum formosum Klotzsch.................... 33
Epidendrum Fuchsii Regel. 37
Epidendrum glaucum Skinner. 32
Epidendrum globosum Jacq..................... 104
Epidendrum glumibracteum Rchb. fil. 35
Epidendrum Huegelianum Rchb. fil..... 32. 51. 86
Epidendrum imatophyllum Lindl.................... 54
Epidendrum imbricatum Lindl.................... 40
Epidendrum incomptum Rchb. fil.................... 38
Epidendrum ionophlebium Rchb. fil........... 103
Epidendrum juncifolium L..................... 71
Epidendrum labiatum Rchb. fil. 51
Epidendrum lactiflorum A. Rich. Gal............ 36. 51
Epidendrum lancifolium Pav.................... 83
Epidendrum latilabre Lindl.................... 53
Epidendrum lciobulbon Hook.................... 80
Epidendrum Lindenianum A. Rich. Gal.................... 80
Epidendrum lineatum Klotzsch.................... 32
Epidendrum lividum Lindl.................... 34. 51
Epidendrum longipetalum Lindl. 33
Epidendrum Lunaeanum A. Rich.................... 81
Epidendrum macrochilum Hook. 33. 51
Epidendrum „maculatum Rchb.".................... 34
Epidendrum microdendron Rchb. fil.................... 84
Epidendrum myodes Rchb. fil.................... 86
Epidendrum nigro maculatum Hort.................... 34
Epidendrum nitens Rchb. fil.................... 82
Epidendrum nocturnum Jacq.................... 52
Epidendrum nonchinense Rchb. fil.................... 103
Epidendrum Nubium Rchb. fil.................... 81
Epidendrum ochraceum Lindl.................... 51. 81
Epidendrum Oerstedii Rchb. fil.................... 52
Epidendrum paleaceum Rchb. fil.................... 80
Epidendrum pallens Rchb. fil.................... 82
Epidendrum paranthicum Rchb. fil. 37
Epidendrum Parkinsonianum Hook.................... 36. 51
Epidendrum pentadactylum Rchb. fil. 54
Epidendrum pergamenum Rchb. fil. 86
Epidendrum platystigma Rchb. fil.................... 83
Epidendrum Porpax Rchb. fil.................... 53
Epidendrum pratense Rchb. fil.................... 84
Epidendrum prismatocarpum Rchb. fil.................... 34
Epidendrum Pseudepidendrum Rchb. fil...... 39
Epidendrum pusillum L..................... 16. 71
Epidendrum quadratum Klotzsch.................... 81
Epidendrum radicans Pav. 54
Epidendrum ramonense Rchb. fil.................... 81

109

Pag.

Epidendrum rhizophorum Bat. 85
Epidendrum ruscifolium L. 97
Epidendrum Skinneri Bat. 37
Epidendrum Spondiadum Rchb. fil. 36
Epidendrum Stamfordianum Bat. 36. 52. 103
Epidendrum teres Rchb. fil. 53
Epidendrum tessellatum Bat. 34. 51
Epidendrum tetraceros Rchb. fil. 39
Epidendrum Tibicinis Bat. 40. 55
Epidendrum tribuloides Sw. 59
Epidendrum trichocarpon Sw. 79
Epidendrum tridens Pöpp. Endl. 52
Epidendrum umbellatum Sw. 53. 86
Epidendrum umbellatum Vellozo. 59
Epidendrum Uroskinneri Hort. 34
Epidendrum utricularioides Sw. 72
Epidendrum varicosum Bat. 80
Epidendrum varicosum Lindl. 33
Epidendrum Viejl Rchb. fil. 53
Epidendrum vitellinum Lindl. 34
Epidendrum Warscewiczii Rchb. fil. 38
Evelyna hymenophora Rchb. fil. 42

Fregea amabilis Rchb. fil. 10

Ghiesebreghtia calanthoides A. Rich. Gal. 79
Gongora armeniaca Rchb. fil. 22
Gongora aromatica Rchb. fil. 50
Govenia quadriplicata Rchb. fil. 75
Govenia sp. 48

Habenaria lactiflora A. Rich. Gal.
  var. **buccalis** Rchb. fil. 61
Habenaria macroceras Spreng. 102
Habenaria macroceratitis W. 102
Habenaria maxillaris Lindl. 61
Habenaria Oerstedii Rchb. fil. 45
Habenaria petalodes Lindl.
  var. **micrantha** Rchb. fil. 5
Hexisea sp. 42. 88
Hexisea bidentata Lindl. 55
Hexadesmia brachyphylla Rchb. fil. 89
Hexadesmia crurigera Lindl. 55. 89
Hexadesmia divaricata Hort. 55
Hexadesmia micrantha Lindl. 42. 56. 89

Pag.

Hexadesmia stenotepala Rchb. fil. 56
Hexopia crurigera Bat. 55
Huntleya cerina Lindl. 26

Ionopsis tenera Lindl. 72
Ionopsis utricularioides Lindl. 72
Isochilus linearis R. Br. 55. 89

Lacaena spectabilis Rchb. fil. 24. 74
Laelia violacea Rchb. fil. 55
Laelia Wendlandi Rchb. fil. 87
Laeliopsis chinensis Lindl. 103
Lepanthes sp. 104
Lepanthes elata Rchb. fil. 90
Lepanthes blepharistes Rchb. fil. 92
Lepanthes erinacea Rchb. fil. 56
Lepanthes horrida Rchb. fil. 91
Lepanthes Lindleyana Oerst. Rchb. fil. 90
Lepanthes tipulifera Rchb. fil. 91
Lepanthes Turialvae Rchb. fil. 57. 90
Lepanthes Wendlandi Lindl. 91
Liparis bituberculata Lindl. 98
Liparis elata Lindl. 93
Liparis Wendlandi Rchb. fil. 98
Lockhartia mirabilis Rchb. fil. 12
Lockhartia Oerstedii Rchb. fil. 43
Lycaste aciantha Rchb. fil. 30
Lycaste biseriata Klotzsch. 29
Lycaste brevispatha Klotzsch. 29
Lycaste candida Lindl. 29
Lycaste Lawrenceana Angl. 29
Lycaste leucantha Kl. 29
Lycaste macrophylla Lindl. 28
Lycaste plana Lindl. 28
Lycaste sordida Klotzsch. 29
Lycaste tricolor Kl. 28

Macradenia Brassavolae Rchb. fil. 11
Malaxis cochleariaefolia A. Rich. Gal. 99
Malaxis ichthyorrhyncha A. Rich. Gal. 99
Malaxis Parthoni Morr. 59
Masdevallia cupularis Rchb. fil. 93
Maxillaria sp. 50
Maxillaria acervata Rchb. fil. 49. 77
Maxillaria aciantha Rchb. fil. 30. 50. 78

Pag.

Maxillaria acutifolia Lindl. 77
Maxillaria articulata Klotzsch. 77
Maxillaria atrata Rchb. fil. 31. 78
» » var. **brachyantha** Rchb. fil... 78
Maxillaria biseriata Klotzsch. 29
Maxillaria brachypus Rchb. fil......... 30
Maxillaria brevispatha Klotzsch...... 29
Maxillaria Camaridii Rchb. fil. 49
Maxillaria cucullata Lindl. 49
Maxillaria elongata Lindl. 30. 76
Maxillaria Friedrichsthalii Rchb. fil. 78
Maxillaria inaudita Rchb. fil......... 76
Maxillaria Lawrenceana Angl........... 29
Maxillaria nasuta Rchb. fil. 101
Maxillaria obscura Lind. Rchb. fil. 31
Maxillaria rhombea Lindl. 49
Maxillaria ringens Rchb. fil. 31
Maxillaria roseans A. Rich. 30
Maxillaria rufescens Lindl. 77
Maxillaria sordida Klotzsch...... 29
Maxillaria Stachyobiorum Rchb. fil 29
Maxillaria tenuifolia Lindl....... 49
Maxillaria tricolor Klotzsch...... 28
Maxillaria vaginalis Rchb. fil...... 77
Maxillaria variabilis Bat.
var. unipunctata Lindl........ 49
Meiracyllium trinasutum Rchb. fil....... 73
Meiracyllium Wendlandi Rchb. fil........ 73
Mesospinidium Warscewiczii Rchb. fil. 11
Microstylis cochleariaefolia Rchb. fil. 99
Microstylis crispifolia Rchb. fil. 100
Microstylis hastilabia Rchb. fil. 101
Microstylis histionantha Lk. Kl. Otto 59
Microstylis ichthyorrhyncha Rchb. fil........ 99
Microstylis lagotis Rchb. fil...... 101
Microstylis macrostachya Lindl....... 99
Microstylis Parthoni Rchb. fil. 59. 100
Microstylis Parthoni
var. denticulata Rchb. fil........ 100
Microstylis simillima Rchb. fil........ 101
Microstylis tipuloides Lindl. 102
Mormodes atropurpurea Hook. 22
Mormodes Colossus Rchb. fil...... 22
Mormodes Hookeri Lem. 22
Mormodes igneum Lindl....... 22
Mormodes macranthum Lindl........ 22
Mormodes Wendlandi Rchb. fil...... 74

Pag.

Nauenia spectabilis Klotzsch........ 24
Notylia bicolor Lindl....... 68
Notylia trisepala Lindl. 69
Notylia albida Kl....... 12

Odontoglossum Aspasia Rchb. fil..... 16. 47
Odontoglossum Bictoniense Lindl. 14. 71
Odontoglossum brevifolium Lindl. 15
Odontoglossum cariniferum Rchb. fil..... 14
Odontoglossum chiriquense Rchb. fil..... 15
Odontoglossum cordatum Lindl. 70
Odontoglossum erosum A. Rich. Gal. 13
Odontoglossum erosum Rchb. fil. Wswz..... 13
Odontoglossum grande Lindl. 14
Odontoglossum grande pallidum Klotzsch..... 70
Odontoglossum hastilabium var. fuscatum Hook...... 14
Odontoglossum Hookerii Lem. 70
Odontoglossum Lüddemanni Regel. 70
Odontoglossum maculatum B. Mag. 70
Odontoglossum Oerstedii Rchb. fil. 15. 47. 71
Odontoglossum Principissa Rchb. fil. 16
Odontoglossum pulchellum Bat........ 16. 47
Odontoglossum Schlieperianum Rchb. fil. 70
Odontoglossum stellatum Lindl...... 13. 70
Odontoglossum Warscewiczii Rchb. fil...... 14
Oerstedella centropetala Rchb. fil...... 37
Oncidium ampliatum Lindl...... 47
Oncidium ansiferum Rchb. fil. 18
Oncidium ascendens Lindl. 47. 104
Oncidium bicallosum Lindl...... 72
Oncidium bracteatum Rchb. fil. Wswz..... 19
Oncidium carthaginense Sw.
b. **Oerstedii** Lindl. 47
Oncidium Ceboletta Sw........ 71
Oncidium cerebriferum Rchb. fil...... 18
Oncidium cheirophorum Rchb. fil. 17
Oncidium confusum Rchb. fil. 18
Oncidium crista galli Rchb. fil. 71
Oncidium decipiens Lindl. 71
Oncidium ensatum Hort. Berol. 19
Oncidium Gireoudianum Rchb. fil...... 20
Oncidium Helenae Rchb. fil...... 29
Oncidium hieroglyphicum Hort. Berol...... 19
Oncidium iridifolium H. B. Kth...... 16. 71
Oncidium juncifolium Lindl...... 71

Pag.

Oncidium Klotzschianum Rchb. fil..................... 18
Oncidium maculatum Lindl..................... 72
Oncidium mirabile Rchb. fil...................... 12
Oncidium nebulosum Lindl. 18
Oncidium ochmatochilum Rchb. fil........... 16
Oncidium Oerstedii Rchb. fil...................... 47
Oncidium ornithorrhynchum H. B. Kth...... 17
Oncidium pachyphyllum Hook.............. 16. 72
Oncidium polycladium Rchb. fil.............. 17
Oncidium pusillum Rchb. fil. 16. 71
Oncidium tricuspidatum Rchb. fil. 72
Oncidium Warscewiczii Rchb. fil............. 19
Ophrys macrostachya Lex.................... 99
Orchis Habenaria L....................... 102
Ornithidium anceps Rchb. fil. 75
Ornithidium fulgens Rchb. fil. 76

Pelexia Hoffmanni Rchb. fil. 102
Pescatoria cerina Rchb. fil. 26
Physurus calophyllus Rchb. fil. 61
Physurus loxoglottis Rchb. fil. 61
Physurus tridax Rchb. fil. 61
Physurus vesicifer Rchb. fil. 63
Platanthera foliosa Brogn. 62
Pleurothallis fallax Rchb. fil..................... 59
Pleurothallis Fuegi Rchb. fil.................... 97
Pleurothallis marginata Lindl.................. 98
Pleurothallis multicaulis Pöpp.................... 97
Pleurothallis naraniensis Rchb. fil. 96
Pleurothallis nicaraguensis Rchb. fil. 58
Pleurothallis Pantasmi Rchb. fil........... 58. 97
Pleurothallis phyllocardia Rchb. fil. 97
Pleurothallis plumosa Lindl................... 96
Pleurothallis ruscifolia R. Br. 97
Pleurothallis segoviensis Rchb. fil. 58
Pleurothallis spathulata A. Rich. Gal............ 59
Pleurothallis succosa Lindl...................... 97
Pleurothallis tribuloides Lindl. 59
Pleurothallis ujarensis Lindl.................... 57
Polystachya Masayensis Rchb. fil. 50
   »   »   var. elatior Rchb. fil. 50
Ponera sp. 55
Ponera albida Rchb. fil..................... 103
Ponera bilineata Rchb. fil................... 88
Ponera striata Lindl. 89

Pag.

Ponthieva guatemalensis Rchb. fil. 63
Ponthieva glandulosa R. Br.................... 46
Prescottia colorans Lindl..................... 62
Pseudepidendrum spectabile Rchb. fil............. 39
Psittacoglossum atratum Lex..................... 31

Restrepia sp.......................... 58
Restrepia ujarensis Rchb. fil. 57. 92
Restrepia xanthopthalma Rchb. fil........... 93

Selenipedium caudatum Rchb. fil............. 44
Selenipedium longifolium Rchb. fil. Wswz.... 44
Selenipedium Warscewiczianum Rchb. fil. 44
Schomburgkia Galeottiana A. Rich. 40
Schomburgkia Tibicinis Bat..................... 40. 55
Sobralia Bletiae Rchb. fil. 6
Sobralia chlorantha Hook. 6
Sobralia Fenzliana Rchb. fil. 9. 47
Sobralia Galeottiana A. Rich................. 8
Sobralia inflata Wswz. Rchb. fil. 7
Sobralia lepida Rchb. fil. 63
Sobralia leucoxantha Rchb. fil. 68
Sobralia Lindleyana Rchb. fil. 6. 63
Sobralia macrantha Lindl.................... 8
Sobralia macrophylla Rchb. fil. 5
Sobralia roseoalba Rchb. fil. 7
Sobralia Warscewiczii Rchb. fil. 9
Spiranthes aguacatensis Rchb. fil. 46
Spiranthes assurgens Rchb. fil. 66
Spiranthes costaricensis Rchb. fil.......... 46. 102
Spiranthes gutturosa Rchb. fil. 67
Spiranthes hemichrea Lindl.............. 47. 65
Spiranthes longipetiolata Rchb. fil........... 67
Spiranthes Prasophyllum Rchb. fil........... 65
Spiranthes sceptrodes Rchb. fil.......... 46. 65
Spiranthes Thelymitra Rchb. fil. 66
Spiranthes trilineata Lindl. 66
Stanhopea amoena Klotzsch..................... 26
Stanhopea Calceolus Rchb. fil. 25
Stanhopea cirrhata Lindl..................... 25
Stanhopea ecornuta Lem..................... 24
Stanhopea graveolens Lem...................... 26
Stanhopea Ruckeri Lindl..................... 51
Stanhopea tricornis Lindl.................... 25
Stanhopea Wardii Lodd...................... 26

Pag.

Stanhopea Warscewicziana Klotzsch......... 26
Stanhopeastrum ecornutum Rchb. fil............... 24
Stelis sp... 57
Stelis costaricensis Rchb. fil.................... 57
Stelis lancilabris Rchb. fil...................... 94
Stelis leucopogon Rchb. fil...................... 95
Stelis microstigma Rchb. fil. 94
Stelis microtis Rchb. fil.......................... 95
Stelis obscurata Rchb. fil........................ 95
Stelis pardipes Rchb. fil.......................... 96
Stelis thecoglossa Rchb. fil...................... 93
Stenorrhynchus speciosus Rich. 46. 65

Trichopilia coccinea Wswz. 13
Trichopilia crispa Lindl.......................... 13
Trichopilia marginata Henfr.................... 12
      „   „   var. olivacea Rchb. fil.... 13

Pag.

Trichopilia suavis Lindl........................ 12
Trichopilia Turialbae Bat..................... 69
Trichopilia Turialbae Rchb. fil............... 69
Trizeuxis falcata Lindl. 48

Vanilla Pompona Schiede.................... 47

Warrea discolor Rchb. fil........................ 27. 48
Warscewiczella discolor Rchb. fil. 27. 48
Warscewiczella discolor Lindl............... 27
Warscewiczia Skinner 23

Zygopetalum africanum Hook. 14
Zygopetalum aromaticum Rchb. fil. 27
Zygopetalum cerinum Rchb. fil.............. 26
Zygopetalum discolor Rchb. fil.......... 27. 48. 75
Zygopetalum Wendlandi Rchb. fil............. 74

Verzeichniss der Vorlesungen,

welche von Ostern 1866 bis Ostern 1867 im Akademischen und Real-Gymnasium gehalten werden sollen.

Dr. *H. G. Reichenbach*, Professor der Botanik, d. Z. Rector,
erbietet sich zu folgenden Vorträgen:

Im Sommerhalbjahr:

1) Uebungen im Untersuchen der Pflanzen, Mittwoch und Sonnabend von 4—5 Uhr, öffentlich und privatim.

2) Specielle Kryptogamenkunde, Mittwoch und Sonnabend von 5—6 Uhr, öffentlich und privatim.

3) Phanerogamenkunde, Donnerstag und Freitag von 4—6 Uhr, privatim.

Im Winterhalbjahr:

1) Anatomie und Physiologie der Pflanzen, Mittwoch und Sonnabend von 3—4 Uhr.

2) Allgemeine Kryptogamenkunde, Mittwoch und Sonnabend von 4—5 Uhr.

Chr. *Petersen*, Professor der classischen Philologie,
denkt:

im Sommersemester

folgende Vorlesungen zu halten:

1) Ueber *Agamemnon des Aeschylos*, Montags und Donnerstags von 10—11 Uhr:

2) Ueber die auf *Deutschland* bezüglichen Stellen aus den *Annalen des Tacitus*, Dienstags und Freitags von 10—11 Uhr;

3) *Geschichte der Medicinischen Litteratur* bei den *Griechen*, Mittwochs von 10—11 Uhr;

4) *Geschichte der Pädagogik* bei den Griechen, Montags von 5—6 Uhr.

Im Wintersemester

beabsichtigt derselbe

1) *Demosthenes' Rede* vom Kranze, Dienstags und Donnerstags von 11—12 Uhr,

2) *Lucretius* Gedicht *von der Natur der Dinge* zu erklären, Montags und Freitags von 11—12 Uhr,

3) *Geschichte der Medicinischen Litteratur* bei den *Römern*, Mittwochs von 11—12 Uhr und

4) Oeffentlich Geschichte der Baukunst bei den Griechen vorzutragen.

Ausserdem erbietet er sich, etwanigen Wünschen seiner Zuhörer entsprechend, Uebungen im Lateinisch Schreiben oder Sprechen anzustellen oder die Schrift des *Hippokrates* über *den Einfluss der Luft, des Bodens und des Wassers* auf die Eigenthümlichkeit des Menschen zu erklären.

K. W. M. Wiebel, Professor der Physik und Chemie,

erbietet sich zu folgenden Vorlesungen:

Im Sommersemester:

1) Theoretische und Experimental-Physik, Montag, Mittwoch und Donnerstag von 9—10 Uhr.

2) Theoretische Chemie, Montag, Mittwoch und Donnerstag von 8—9 Uhr Morgens. (Oeffentlich).

3) Die practischen Uebungen im Chemischen Laboratorium werden unter Leitung des Dr. *F. Wibel* stattfinden: Dienstag, Donnerstag, Freitag von 1—4 Uhr.

Im Wintersemester:

1) Theoretische und Experimental-Physik, Dienstag, Mittwoch und Donnerstag von 10—11 Uhr.

2) Theoretische Chemie, Dienstag, Mittwoch und Donnerstag von 9—10 Uhr. (Oeffentlich.)

3) Practische Uebungen im Chemischen Laboratorium, unter Leitung des Dr. *F. Wibel*, Dienstag, Donnerstag und Freitag von 1—4 Uhr.

4) Ueber die Hydrometeore, Montag von $2\frac{1}{2}$—$3\frac{1}{2}$ Uhr. (Oeffentlich.)

Dr. *Gust. Mor.* **Redslob**, Professor der bibl. Philologie
und der Philosophie,

erbietet sich zu folgenden Vorlesungen:

Im Sommerhalbjahr:

1) grammatische Erklärung des I. Buch Mose. (2 Stunden.)
2) Anfangsgründe der arabischen Sprache nach Arnold's arabischer Chrestomathie. (2 Stunden.)
3) Logik. (3 Stunden.)

Im Winterhalbjahr:

1) Fortsetzung des Arabischen. (2 Stunden.)
2) Evangelium nach Matthäus, cursorisch. (2 Stunden.)
3) Ausgewählte Psalmen. (2 Stunden).

Ludwig Karl Aegidi, Dr. d. Rechte, Professor der Geschichte.
gedenkt,

im Sommerhalbjahr

1) die Vorlesung über *Geschichte des Mittelalters*, Montag und Donnerstag von 6—7 Uhr Abends,
2) über *Geschichte der Englischen Revolution*, Sonnabend von 8—9 Uhr Abends, öffentlich,
3) über *Englische Geschichte im Zeitalter der Elisabeth*, Montag von 8—9 Uhr Abends,
4) über *Französische Geschichte im Reformationszeitalter*, Mittwoch von 8—9 Uhr Abends fortzusetzen und
5) *Geschichte Frankreichs unter Ludwig XVI.*, Montag, Mittwoch und Freitag von 11—12 Uhr Vormittags zu lesen;

im Winterhalbjahr

1) *Geschichte des dreissigjährigen Krieges*, Sonnabend von 8—9 Uhr Abends, öffentlich,
2) *Deutsche Geschichte vom Lüneviller bis zum zweiten Pariser Frieden*, fünfstündig von 12—1 Uhr vorzutragen und
3) die Vorlesung über *Geschichte des Mittelalters*, Montag und Donnerstag von 6—7 Uhr Abends fortzusetzen.

George Rümker, M. A., Docent der Mathematik, Adjunct der Sternwarte,

gedenkt zu lesen:

Im Sommersemester:

1) Analytische Geometrie, Dienstags, Mittwochs und Donnerstags von 7—8 Uhr Morgens.
2) Trigonometrie (ebene und sphärische), Montags und Freitags von 7—8 Uhr Morgens.
3) Elementar-Mathematik, zweistündig.

Im Wintersemester:

1) Niedere Analysis, Dienstags, Mittwochs und Donnerstags von 8—9 Uhr Morgens.
2) Nach Wunsch: Sphärische Astronomie oder Mechanik fester Körper, zweistündig.
3) Elementar-Mathematik, zweistündig.
4) Oeffentlich. Ueber populäre Gegenstände der Astronomie. Freitag Abend von 8—9 Uhr.

Zufolge § 7 des Regulativs vom 4. September 1854 werden die Vorlesungen folgender Herren angekündigt:

Herr Dr. *C. J. Küchenmeister* gedenkt im Wintersemester Vorträge über populäre Astronomie zu geben.

Herr Dr. *F. Wibel:* Im Sommer- und Wintersemester: Analytische Chemie, Montags von 1—3 Uhr. Technische Chemie, Sonnabends von 10—12 Uhr. Oeffentliche Vorträge über Sinnestäuschungen.

Vorlesungen der Abtheilung des Real-Gymnasium für Lehrerbildung.

err Senior Dr. *Alt:* Bibelkunde, Freitag von 6—7 Uhr im Sommer- und Wintersemester.

„ Professor *Petersen:* Culturgeschichte, Mittwoch von 5—6 Uhr im Wintersemester.

„ Professor *Aegidi:* Geschichte des Mittelalters, Montag und Donnerstag von
6—7 Uhr im Sommer- und Wintersemester.

„ Professor *Reichenbach:* Botanik, Mittwoch, Donnerstag, Freitag und Sonnabend von 4—6 Uhr im Sommersemester.

„ Dr. *Bahnson:* Trigonometrie, Fortsetzung, Dienstag von 7—8 Uhr, Analysis,
Freitag von 7—8 Uhr im Sommersemester; Planimetrie, Dienstag von
7—8 Uhr, Algebra, Freitag von 7—8 Uhr im Wintersemester.

„ Dr. *Redlich:* Französisch, Mittwoch und Sonnabend von 6—7 Uhr, Deutsche
Grammatik, Sonnabend von 7—8 Uhr, im Sommer- und Wintersemester.

„ Dr. *Sievers:* Englisch, Montag von 7—8 Uhr, Dienstag von 6—7 Uhr im
Sommer- und Wintersemester.

„ Dr. *Wellig:* Geographie, Donnerstag von 7—8 Uhr im Sommersemester,
Sonnabend von 5—6 Uhr im Wintersemester.

„ Dr. *F. Wibel:* Organische Chemie, Fortsetzung, Montag von 5—6 Uhr,
Elemente der Optik, Dienstag von 5—6 Uhr, im Sommersemester;
Mineralogie, Montag von 5—6 Uhr, Unorganische Chemie, Mittwoch
von 4—5 Uhr, Elemente der Wärmelehre, Sonnabend von 4—5 Uhr im
Wintersemester.

„ Dr. *Zimmermann:* Stilistik, Mittwoch von 7—8 Uhr im Sommersemester.

„ *Partz:* Stenographie, Mittwoch von 7—8 Uhr im Wintersemester.

Sommersemester.

Stunden.	Montag.	Dienstag.	Mittwoch.	Donnerstag.	Freitag.	Sonnabend.
7—8	Trigonometrie, (ebne u. sphärische.) *Rümker.*	Analyt. Geometrie. *Rümker.*	Analyt. Geometrie. *Rümker.*	Analyt. Geometrie. *Rümker.*	Trigonometrie, (ebne u. sphärische.) *Rümker.*	Elementar-Mathematik. *Rümker.*
8—9	Theoret. Chemie. (Oeffentlich.) *Wiebel.*		Theoret. Chemie. (Oeffentlich.) *Wiebel.*	Theoret. Chemie. (Oeffentlich.) *Wiebel.*		Elementar-Mathemematik. *Rümker.*
9—10	Theoretische und Experimental-Physik. *Wiebel.*		Theoretische und Experimental-Physik. *Wiebel.*	Theoretische und Experimental-Physik. *Wiebel.*		
10—11	Ueber den Agamemnon des Aeschylos. *Petersen.*	Ueber die auf Deutschland bezüglichen Stellen aus den Annalen des Tacitus. *Petersen.*	Geschichte der medicin. Literatur bei den Griechen. *Petersen.*	Ueber den Agamemnon des Aeschylos. *Petersen.*	Ueber die auf Deutschland bezüglichen Stellen aus den Annalen des Tacitus. *Petersen.*	
11—12	Geschichte Frankreichs unter Ludwig XVI. *Aegidi.*		Geschichte Frankreichs unter Ludwig XVI. *Aegidi.*		Geschichte Frankreichs unter Ludwig XVI. *Aegidi.*	Anfangsgründe der Arabischen Sprache, nach Arnold's Chrestomathie. *Redslob.*
12—1	Logik. *Redslob.*	Logik. *Redslob.*	Logik. *Redslob.*	Grammatische Erklärung des 1. Buch Mose. *Redslob.*	Grammatische Erklärung des 1. Buch Mose. *Redslob.*	Anfangsgründe der Arabischen Sprache, nach Arnold's Chrestomathie. *Redslob.*
4—5			Uebungen im Untersuchen der Pflanzen. (Oeffentlich.) *Reichenbach.*	Phanerogamen-kunde. *Reichenbach.*	Phanerogamen-kunde. *Reichenbach.*	Uebungen im Untersuchen der Pflanzen. (Oeffentlich.) *Reichenbach.*
5—6	Geschichte der Pädagogik bei den Griechen. *Petersen.*		Specielle Krypto-gamenkunde. (Oeffentlich.) *Reichenbach.*	Phanerogamen-kunde. *Reichenbach.*	Phanerogamen-kunde. *Reichenbach.*	Specielle Krypto-gamenkunde. (Oeffentlich.) *Reichenbach.*
6—7	Geschichte des Mittelalters. (Fortsetzung.) *Aegidi.*			Geschichte des Mittelalters. (Fortsetzung.) *Aegidi.*		
8—9	Engl. Geschichte im Zeitalter der Elisabeth. (Fortsetzung.) *Aegidi.*		Franz. Geschichte im Reformations-zeitalter. (Fortsetzung.) *Aegidi.*		.	Geschichte der Englischen Revolution. (Fortsetzung. Oeffentlich.) *Aegidi.*

Wintersemester.

Stunden.	Montag.	Dienstag.	Mittwoch.	Donnerstag.	Freitag.	Sonnabend.
8—9	Sphärische Astronomie oder Mechanik fester Körper. *Rümker.*	Niedere Analysis. *Rümker.*	Niedere Analysis. *Rümker.*	Niedere Analysis. *Rümker.*	Sphärische Astronomie oder Mechanik fester Körper. *Rümker.*	Elementar-Mathematik. *Rümker.*
9—10		Theoret. Chemie. (Oeffentlich.) *Wiebel.*	Theoret. Chemie. (Oeffentlich.) *Wiebel.*	Theoret. Chemie. (Oeffentlich.) *Wiebel.*		Elementar-Mathematik. *Rümker.*
10—11		Demosthenes Rede vom Kranze. *Petersen.*	Geschichte der medicin. Literatur bei den Römern. *Petersen.*	Demosthenes Rede vom Kranze. *Petersen.*		
11—12	Lucretius' Gedicht von der Natur der Dinge. *Petersen.*	Theoretische und Experimental-Physik. *Wiebel.*	Theoretische und Experimental-Physik. *Wiebel.*	Theoretische und Experimental-Physik. *Wiebel.*	Lucretius' Gedicht von der Natur der Dinge. *Petersen.*	
12—1	Deutsche Geschichte vom Lüneviller bis zum zweiten Pariser Frieden. *Aegidi.*	Deutsche Geschichte vom Lüneviller bis zum zweiten Pariser Frieden. *Aegidi.*	Deutsche Geschichte vom Lüneviller bis zum zweiten Pariser Frieden. *Aegidi.*	Deutsche Geschichte vom Lüneviller bis zum zweiten Pariser Frieden. *Aegidi.*	Deutsche Geschichte vom Lüneviller bis zum zweiten Pariser Frieden. *Aegidi.*	
1—2	Evangelium nach Matthäus, cursorisch. *Redslob.*	Evangelium nach Matthäus, cursorisch. *Redslob.*	Ausgewählte Psalmen. *Redslob.*	Ausgewählte Psalmen. *Redslob.*	Fortsetzung des Arabischen. *Redslob.*	Fortsetzung des Arabischen. *Redslob.*
2½—3½	Ueber die Hydrometeore. (Oeffentlich.) *Wiebel.*					
3—4			Anatomie und Physiologie d. Pflanzen. *Reichenbach.*			Anatomie und Physiologie d. Pflanzen. *Reichenbach.*
4—5			Allgemeine Kryptogamenkunde. *Reichenbach.*			Allgemeine Kryptogamenkunde. *Reichenbach.*
6—7	Geschichte des Mittelalters. (Fortsetzung.) *Aegidi.*			Geschichte des Mittelalters. (Fortsetzung.) *Aegidi.*		
8—9				Geschichte der Baukunst bei den Griechen. (Oeffentlich.) *Petersen.*	Ueber populäre Gegenstände der Astronomie. (Oeffentlich.) *Rümker.*	Geschichte des dreissigjährigen Krieges. (Oeffentlich.) *Aegidi.*

Lehrerbildungs-Anstalt.

Sommersemester.

Stunden.	Montag.	Dienstag.	Mittwoch.	Donnerstag.	Freitag.	Sonnabend.
4—5			Botanik. Prof. Reichenbach.	Botanik. Prof. Reichenbach.	Botanik. Prof. Reichenbach.	Botanik. Prof. Reichenbach.
5—6	Organische Chemie (Fortsetzung.) Dr. F. Wibel.	Elemente der Optik. Dr. F. Wibel.				
6—7	Geschichte des Mittelalters. Prof. Aegidi.	Englisch. Dr. Sievers.	Französisch. Dr. Redlich.	Geschichte des Mittelalters. Prof. Aegidi.	Bibelkunde. Dr. Alt.	Französisch. Dr. Redlich.
7—8	Englisch. Dr. Sievers.	Trigonometrie. (Fortsetzung.) Dr. Bahnson.	Stilistik. Dr. Zimmermann.	Geographie. Dr. Wellig.	Analysis. Dr. Bahnson.	Deutsche Gramm. Dr. Redlich.

Wintersemester.

Stunden.	Montag.	Dienstag.	Mittwoch.	Donnerstag.	Freitag.	Sonnabend.
4—5			Unorganische Chemie. Dr. F. Wibel.			Elemente der Wärmelehre. Dr. F. Wibel.
5—6	Mineralogie. Dr. F. Wibel.		Culturgeschichte. Prof. Petersen.			Geographie. Dr. Wellig.
6—7	Geschichte des Mittelalters. Prof. Aegidi.	Englisch. Dr. Sievers.	Französisch. Dr. Redlich.	Geschichte des Mittelalters. Prof. Aegidi.	Bibelkunde. Dr. Alt.	Französisch. Dr. Redlich.
7—8	Englisch. Dr. Sievers.	Planimetrie. Dr. Bahnson.	Stenographie. Partz.		Algebra. Dr. Bahnson.	Deutsche Gramm. Dr. Redlich.

Jahresbericht
für 1866/67.

Der „Entwurf eines Gesetzes über die Umgestaltung des Akademischen Gymnasium zu einer hanseatischen Akademie", dessen in dem Bericht über das vorhergehende Jahr gedacht worden, ist am 24. April 1866 in der Sitzung der interimistischen Oberschulbehörde besprochen und an die Gymnasialsection überwiesen worden, damit dieselbe über ihn „unter Zuziehung einsichtiger und angesehener Mitbürger" berathe. Es haben auch diese Berathungen im Schoosse der Gymnasialbehörde begonnen und wird der nächste Jahresbericht wohl weitere Mittheilungen bringen.

Die Lehrthätigkeit an unserer Anstalt hat keine Unterbrechung erlitten, obschon die Zahl der akademischen Gymnasiasten gering war.

Herr Prof. Dr. *Chr. Petersen* hat in beiden Semestern Livius und Hippokrates (vom Einfluss der Luft, des Bodens und Wassers auf den Menschen) erklärt, und Geschichte der medicinischen Litteratur im Alterthum gelesen, im Sommersemester ausserdem Culturgeschichte des Alterthums für Lehrer, im Winter die Germania des Tacitus erklärt, so wie auch Uebungen im Lateinisch-Schreiben geleitet. Seine öffentlichen Vorlesungen behandelten die ältesten Culturperioden des Menschengeschlechts, das sogenannte Steinalter und zwar das ältere sowohl als das jüngere, so wie das Verhältniss des Bronce-Alters zu letzterem wie zur historischen Zeit. Wie schon eine Reihe von Jahren wurde ihm die Aufforderung, einzelnen Lehrern Unterricht in den Elementen der Lateinischen Sprache zu geben, der er entsprechen zu müssen glaubte.

Zur Feier von J. J. Winckelmann's Geburtstage hielt Prof. *Petersen* einen öffentlichen Vortrag über das Zwölfgöttersystem der Griechen

a

und Römer nach seiner Bedeutung, künstlerischen Darstellung und historischen Entwickelung. Im Anschluss an die Abhandlung des Programms vom Jahre 1853, welche das Zwölfgöttersystem bei den Griechen behandelt, sollte die wissenschaftliche Begründung des zweiten Theils über das Zwölfgöttersystem in Italien dem diesjährigen Programm beigegeben werden, was unterbleiben musste, weil der Umfang der für's vorjährige Programm bestimmten Abhandlung und dessen Ausstattung mit den erforderlichen Abbildungen einen grösseren Kostenaufwand machte, als dazu ausgesetzt war.

Herr Prof. *Wiebel* hat die Vorträge und Uebungen im Chemischen Laboratorium, wie angekündigt, gehalten. Die Experimentalvorträge über Unorganische Chemie übernahm Herr Dr. *F. Wibel*.

Von Herrn Prof. Dr. *Redslob* sind im Sommerhalbjahr die angezeigten Vorlesungen nur mit der gewöhnlichen Ausnahme der neutestamentlichen, im Winterhalbjahr dagegen nur die alttestamentlichen zu Stande gekommen.

Herr Prof. Dr. *Aegidi* hat im Sommer 1866 für die akademischen Gymnasiasten Geschichte Frankreichs vom Tode Ludwig XV. bis zur Einführung der constitutionellen Verfassung; in der Lehrerbildungs-Anstalt Geschichte des Mittelalters — im Winter 1866/67 für die Gymnasiasten Geschichte Frankreichs von der Einführung der constitutionellen Verfassung bis zur Hinrichtung Ludwig XVI., in der Lehrerbildungs-Anstalt Geschichte des Mittelalters (Fortsetzung), in der Fortbildungs-Anstalt für angehende Kaufleute Geschichte Englands unter Cromwell und bis zur Wiederherstellung des Königthums, sowie Geschichte Gustav Adolfs und seiner Zeit, öffentlich: Verfassungsgeschichte Deutschlands vorgetragen.

Professor Dr. *Reichenbach* hat sämmtliche angekündigten Vorträge gehalten. Im Sommer „allgemeine Botanik und Phanerogamenkunde", so wie öffentlich botanische Uebungen, wesentlich zur Bildung im Beschreiben und Erkennen der Pflanzen und zur Auffassung des natürlichen Systems. Im Winter Kryptogamenkunde, pflanzliche Anatomie und Physiologie.

Herr Dr. *Rümker* hat die angezeigten Vorlesungen, mit Ausnahme der über Elementarmathematik, sämmtlich gehalten. In diesem Winter liest derselbe auf Wunsch, statt des Vortrags über „Niedere Analysis", Differentialrechnung.

Im grossen Hörsaal haben ausserdem im Wintersemester Vorträge gehalten: Herr Dr. *Küchenmeister* über populäre Astronomie, Herr Dr. *Wohlwill* über Geschichte der Naturwissenschaften im 16. Jahrhundert und Herr Dr. *Bolau* über ausgewählte Kapitel aus der Zoologie, namentlich Bewegungsorgane und Sinnesorgane.

Von den 24 Schülern der Lehrerbildungsanstalt blieben Ostern 1866 17 und es kam keiner hinzu, Michaelis blieben von denselben noch 12, und obgleich ein neuer Cursus begann traten nur drei neue ein. Diese geringe Betheiligung an dem neuen Cursus, wie bisher noch nicht vorgekommen ist, hatte jedenfalls ihren hauptsächlichsten Grund darin, dass eine Anzahl junger Lehrer, die in den Elbherzogthümern ihre engere Heimath haben, in dieselbe zurückkehrten, um da ihre Laufbahn weiter zu verfolgen, nachdem die politischen Verhältnisse zu einer Entscheidung gekommen waren. Herrn Dr. *Zimmermann*, der durch gehäufte Beschäftigung an seiner Lehranstalt veranlasst ward, seine Vorträge an der Lehrerbildungsanstalt aufzugeben, wird von seinen Mitarbeitern für seine Jahrelange Theilnahme hiedurch der gebührende Dank ausgesprochen. Dieselben freuen sich, dass Herr Dr. *F. Wibel*, der durch Krankheit genöthigt war, seine Vorträge auszusetzen, im Stande gewesen ist, dieselben wieder aufzunehmen.

Schliesslich freuen wir uns mittheilen zu können, dass Herr Dr. *George Rümker* zum Director der Sternwarte erwählt ist mit der Verpflichtung, am Gymnasium Mathematik und Astronomie zu lehren. Derselbe ward im Jahre 1856 von der Behörde seinem Vater adjungirt und hat, als dieser 1857 aus Gesundheitsrücksichten sich genöthigt sah, sich von der angestrengten Thätigkeit seines Doppelamtes als Directors der Sternwarte und der Navigationsschule zurückzuziehen, allein die Leitung unserer Sternwarte gehabt. Im Jahre 1857 übernahm er den Unterricht in der Mathematik am Gymnasium und hielt seitdem auch öffentliche Vorlesungen über astronomische Gegenstände. In diesem Verhältniss nahm er auch an den Berathungen über die Neugestaltung des Gymnasiums Theil. Wir begrüssen diese Wahl um so freudiger, weil in derselben nicht nur dem lang gehegten und wiederholt ausgesprochenen Wunsche gemäss die bereits in den Gesetzen des Gymnasiums vom Jahre 1837 ausgesprochene engere Verbindung des Observatoriums mit dem Gymnasium zur Ausführung gekommen und für die Zukunft gesichert ist, sondern auch Herr Dr. *G. Rümker* seine Befähigung durch Schriften dargethan hat, von denen

a *

die in seiner hiesigen Stellung verfassten von Fachgenossen um so grössere Anerkennung gefunden haben, je unvollkommener die Instrumente waren, die ihm bei seinen Beobachtungen zu Gebote standen. Schon in den Jahren 1851—1853 hatte Herr Dir. *Rümker* als Volontär an der Berliner Sternwarte Gelegenheit Beobachtungen anzustellen und im 4. Bande der Berliner Beobachtungen und im 33. und 34. Bande der Astronomischen Nachrichten zu veröffentlichen. Derselben Zeit gehören die Arbeiten über die Bahnen der kleinen Planeten an, welche theils in den Astronomischen Nachrichten, theils in den Comptes Rendus des séances de l'Académie des sciences, gedruckt sind, so wie die Ephemeriden ihrer Wiedererscheinungen in den Berliner Astronomischen Jahrbüchern. Die Beobachtungen, die er in den Jahren 1853—1856 als Astronom der Universität Durham anstellte, welche ihn honoris causa promovirte, sind in den Astronomischen Nachrichten und den Proceedings of the Royal Astronomical Society publicirt. Von den 1854 zur Bestimmung der Dichtigkeit der Erde in den Kohlenbergwerken zu Hartow angestellten Pendelbeobachtungen, an denen er Theil nahm, ist der Bericht veröffentlicht in den Philosophical Transactions 1856. Die ersten Beobachtungen nach seiner Rückkehr vervollständigten das vom Vater herausgegebene berühmte Sternverzeichniss. Daran schlossen sich Bahnbestimmungen der kleinen Planeten und verschiedener Kometen, so wie Ephemeriden der ersteren im Berliner Astronomischen Jahrbuch. Die letzten Arbeiten sind der Bericht über die Beobachtungen der totalen Sonnenfinsterniss am 18. Juni 1860 zu Castellon de la Plana (im Gymnasialprogramm von 1861), „Ueber Parallaxe und Aberrationen der Gestirne" (im Gymnasialprogramm 1865) und „Ueber genauere Ortsbestimmungen der Nebelflecken" (im Berliner Astronomischen Jahrbuch von 1866), eine Arbeit, welche die grösste Anerkennung der competenten Astronomen, insbesondre D'Arrest, des Monographen der Nebelflecke, gefunden hat. So dürfen wir uns der Hoffnung hingeben, dass der Sohn den vom Vater begründeten Ruf unserer Sternwarte auch ferner erhalten werde.

H. G. Reichenbach.

Die mit dem Gymnasium verbundenen Anstalten.

I. Die Stadtbibliothek und die mit derselben verbundenen Sammlungen.

(Bericht des Bibliothekars Prof. Petersen.)

Auch im Jahr 1866 ist die Stadtbibliothek durch bedeutende Bücherschätze bereichert worden. Von den ungefähr 7500 Büchern und Brochuren, um welche sie zugenommen hat, sind 785 durch Kauf und 1214 durch Tausch erworben, 168 von hiesigen Verlegern, und 110 von Inhabern hiesiger Druckereien eingesandt. Unter den einzelnen Geschenken heben wir hier hervor: „Die Arabischen Handschriften der Königl. Hof- und Staatsbibliothek" und „Die Persischen Handschriften derselben, von *Jos. Aumer*. München 1866" ein werthvolles Werk das der Vorstand jener Bibliothek der unsrigen als Geschenk übersenden liess. Der Güte des Fürsten *Baldassare Boncompagni* in Rom verdanken wir einen Theil der von ihm herausgegebenen Schriften. Eine ganze Sammlung von Lubecensien und Hamburgensien schenkte Herr Dr. *G. Lührsen;* sie besteht meistens aus Brochuren und einzelnen Blättern, von denen uns an 440 noch fehlten. Eine Anzahl meist Belgischer Werke aus verschiedenen Fächern verdanken wir Herrn Dr. *F. L. Hoffmann,* und eine andere, in neueren deutschen Schriften bestehend, Herrn *J. F. Richter.* Die Erben der Frau Dr. *von Hess* geb. *Hudtwalcker* haben ausser mehreren gedruckten Werken den handschriftlichen Nachlass des Herrn Dr. *L. von Hess* (2 Kapseln) zum Geschenk gemacht, derselbe enthält die von demselben gehaltenen Vorträge über Geographie, Handel, Handels-Geschichte, über Geldwesen und Banken, See- und Handelsrecht. Mit besonderm Danke erkennen wir die Aufmerksamkeit der aufgelösten Flandernfahrer-Gesellschaft, welche ihre Manuscripte (8) und Urkunden (10) zur Erhaltung und Aufbewahrung der Stadtbibliothek anvertraut hat. Die Erben unseres verstorbenen Archivar Dr. *Lappenberg* haben einen Theil seines wissenschaftlichen Nachlasses, bestehend in 36 Mappen, uns übergeben; dieselben enthalten theils die Collectaneen zu seinen herausgegebenen Schriften, theils Abschriften werthvoller Manuscripte, die nicht gedruckt sind. Dieselben Erben haben ausserdem ein Geschenk von Crt. ℳ 2000 gemacht, um dafür aus der in Leipzig verauctionirten Bibliothek des Verstorbenen Bücher anzukaufen, welche der Stadtbibliothek fehlten. Zu demselben Zweck bewilligte auch der Bürger-Ausschuss auf Antrag Eines Hohen Senats einen gleichen Beitrag. Es ist möglich gewesen für diese Summe die werthvollsten Werke aus der Englischen und Scandinavischen Geschichte und Literatur zu erwerben. Da die Auction in diesem Jahr gehalten worden, wird erst der nächste Bericht den Umfang dieses Zuwachses zu berücksichtigen haben. Schliesslich kommen wir auf das grösste Geschenk des vorigen Jahres, das mehr als die Hälfte aller erworbenen Bücher und unter denselben sehr werthvolle Werke enthält. Es ist die Bibliothek unseres verstorbenen hochverdienten Präses des Handelsgerichts, Herrn Dr. A. *Halle*, in deren Uebergabe an die Stadtbibliothek seine Gemahlin ihm und sich selber ein ehrenvolles Andenken gestiftet hat. Wie sich erwarten liess, enthält die Bibliothek aus dem Gebiete des Handelsrechts die besten und kostbarsten Werke in Deutscher, Englischer, Französischer, Spanischer und Italienischer Sprache, und manche werthvolle Einzelheiten aus allen Theilen des Rechts und andern Wissenschaften.

Der wichtigste aber auch der schwierigste Theil der Geschichte einer Bibliothek betrifft die Benutzung, schwierig, zumal in einem unmittelbar nach Ablauf eines Jahrs zu gebenden Bericht; denn die Früchte der Benutzung reifen oft erst mehrere Jahre später. Zunächst kommen hier Zahlen in Betracht: im Jahr 1866 sind entlehnt 3970 Bücher gegen 4335 im Jahr 1865, und das Lesezimmer ward besucht von 1832 Personen gegen 2226 im Jahr 1865. Ist es auch im Allgemeinen nicht möglich, die Ursachen kleiner Schwankungen zu ermitteln, so beweist doch die Erfahrung früherer Jahre, dass in Zeiten politischer Aufregung die wissenschaftlichen Studien zurücktreten, wesshalb anzunehmen, dass auch im vorigen Jahre der Krieg in dieser Weise bei uns eingewirkt habe. Den Nutzen, welchen ein entliehenes Buch stiftet, kann der Bibliothekar nur in den wenigsten Fällen beurtheilen. Dieser Theil der Geschichte beschränkt sich daher auf die Benutzung für wissenschaftliche Arbeiten, und auch bei diesen ist es nicht immer möglich nachzuweisen, was gerade unsre Bibliothek dazu beigetragen. Hier handelt es sich selbstverständlich nur um diejenigen Werke, für welche dieselbe eine besondere Hülfe gewährte. Da steht in erster Linie die Herausgabe und Benutzung von Handschriften. So bot unsre reiche Sammlung Ebräischer Handschriften Herrn *E. Berliner* in Berlin zu seiner Ausgabe von „Raschii in Pentateuchum Commentarius. Berolini 1866" zwei Handschriften. Keine Handschrift war so gesucht als der schöne Codex des Virgil, der auch Ovidii Epistolae ex Ponto enthält. Doch sind die meisten Arbeiten, denen er in dem verflossenen Jahr diente, noch nicht veröffentlicht. *O. Ribbeck* (P. Vergilii Mar. Opera Prolegomena. Lips. 1866) erwähnt desselben S. 358 und bestimmt nach genauer Untersuchung das Verhältniss unserer Handschrift zu den übrigen dahin, dass sie mit zwei Berner Handschriften (b c) verwandt

sei und mit einer derselben (c) fast ganz übereinstimme. Wenn er aber diese Hand-
schrift als dem 13. Jahrhundert angehörig bezeichnet, so muss ich widersprechen.
Dieselbe ist früher ohne genügenden Grund ins 8te, mit Wahrscheinlichkeit
von *Nic. Heinsius* ins 9te Jahrhundert gesetzt, und dieser Ansicht tritt *Rud. Merkel*
P. Ovidii Nasonis Opera Tom. III. Lips. 1851 Praef. p. IV. unbedingt bei.
Schwerlich ist sie später als das 10te und gewiss nicht jünger als Anfang
des 11ten Jahrhunderts. Sie stammt wahrscheinlich aus dem französischen
Kloster Corvey, war zu *Heinsius* Zeit im Besitz des *Claudius Sarravius*, der als
Mitglied des Pariser Parlaments im Jahr 1651 starb, und ist aus der Bibliothek
des Pastors *Morgenweg* am hiesigen Waisenhause in die Stadtbibliothek ge-
kommen. Unsre treffliche Pergament-Handschrift des Constantinus Africanus,
ein Index alphabeticus arborum in einem „Medica Varia" bezeichneten Codex,
Pflanzenverzeichnisse, welche die Ueberschriften: Vocabularium Lat. Germanicum,
Glossarium aliud und Nomina herbarum führen, in einer Handschrift deren
Hauptbestandtheil die Acta in Senatu Argentoratensium bilden, so wie ein Exemplar
von „Joachim Camerarii hortus medicus 1588" mit handschriftlichen Bemerkungen
haben Beiträge geliefert zu „B. Langkavels Botanik der späteren Griechen,
Berlin 1866." Die Wichtigkeit, welche unsre Abschrift der Briefe des Pighius,
die Th. Mommsen für das Corpus Inscriptionum Latinarum benutzt hat, beim
Verlust des Originals besitzt, ist von demselben nachgewiesen in den Monats-
berichten der Berliner Akademie. Für die Annales Thorunenses oder Franciscani
Thorunensis Annales Prussici 941—1400, herausgegeben von E. Strehlke in
den „Scriptores rerum Prussicarum. Ed. Th. Hirsch, H. Töppen et Dr. E. Strehlke
vol. III. Lips. 1866" p. 26 gab unsre Handschrift der Chronik des sogenannten
Rufus einige Ausbeute. Auch zum 2ten Bande der von v. Liliencron herausgegebenen historischen Volkslieder der Deutschen vom 13—16ten Jahrhundert
Leipzig 1866 hat eine unserer Handschriften einen Beitrag geliefert (No. 159.
S. 132 vergl. Vorrede S. VIII). Herr Archivar Dr. *Burkhardt* in Weimar hat
für seine Ausgabe von „Dr. M. Luthers Briefwechsel. Leipz. 1866" die umfang-
reichen Abschriften von Luthers Briefen, die wir besitzen, verglichen. Vergl.
Vorrede S. III. Von J. J. Winckelmann's Papieren erscheint manches, das für
seine wissenschaftliche Entwicklung von Interesse ist, zuerst gedruckt in „Carl
Justi's, Winckelmann Bd. 1. W. in Deutschland Leipz. 1866." Die Winckelmann'schen Papiere unsrer Stadtbibliothek sind ein Geschenk des verstorbenen
Dr. *Gurlitt*, Director unseres Johanneums. Von der Benutzung gedruckter Werke
für wissenschaftliche Zwecke kann noch weniger eine vollständige Rechenschaft

gegeben werden. Wir müssen uns begnügen auf einige Werke hinzuweisen, zu denen Bücher benutzt sind, die mehr oder weniger selten sind. So ist unsre Bibliothek sehr reich an älteren medicinischen und naturhistorischen Werken, die von Herrn Dr. *Langkavel* in dem angeführten Werk im grösseren Umfange benutzt sind. Vergl. Einl. S. XIII. Für die bibliographischen Untersuchungen über „Das kleine Corpus Doctrinae von Matthaeus Judex" welche Herr Dr. *C. M. Wichmann* zu Kadow seinem Fac-Simile-Abdruck der ältesten Niederdeutschen Ausgabe Rostock 1565 12mo. beigegeben hat, bot unsere Bibliothek werthvolle Beiträge in seltenen Ausgaben. Die bibliographische Beschreibung eines Unicums das wir besitzen „Den Camp van der doet" einer holländischen Uebersetzung des Gedichtes von Olivier de la Marche „Le Chevalier delibéré" mit den Holzschnitten des Originals hat Herr Dr. *F. L. Hoffmann* gegeben im Bibliophile Belge 1866, wodurch Herr *Holtrop*, Bibliothekar der Königl. Bibliothek im Haag, zu weiteren Forschungen über dieses Werk veranlasst wurde. Auch darf hier die neue kritische Ausgabe des „Chronicon Slavicum, quod vulgo dicitur Parochi Suselensis vom Herrn Ober-Appellationsgerichtsrath Dr. *E. A. Th. Laspeyres* Lübeck 1865," welche den Lateinischen und Deutschen Text neben einander stellt, erwähnt werden, zumal da dies Werk auch für Hamburgische Geschichte nicht unwichtig ist. Die kritisch interessante Vorrede erkennt auch unter anderen Mittheilungen aus hiesiger Bibliothek den Nutzen an, welche die Lindenbrog'sche Ausgabe dem Herausgeber gewährt durch eigenhändige Notizen Heinrich Lindenbrogs. Vergl. Vorrede S. IX. und XLII.

Ueber die Geschenke, welche für die mit der Bibliothek verbundenen Sammlungen eingegangen sind, ist der Dank bereits öffentlich ausgesprochen im Amtsblatt No. 39. 46. 50 und in den Amtl. Anzeigen der Hamburger Nachrichten No. 49. 50. 55. Schliesslich ist noch zu berichten, dass der Naturwissenschaftliche Verein sich erboten hat, aus seiner Mitte eine Commission für die Ethnographische Sammlung zu erwählen. Die Mitglieder der bisherigen Commission, die mit verschiedenartigen Aemtern überlastet nicht genügende Musse fanden, um dieser Sammlung die wünschenswerthe Sorgfalt widmen zu können und sich daher auf Entgegennahme, die nöthige Bezeichnung und vorläufige Einordnung in die Sammlung hatten beschränken müssen, nahmen im Interesse der Sache dies Anerbieten gern an. Nachdem die Hochverehrliche Gymnasial-Section das Gesuch der bisherigen Commission jenes Anerbieten anzunehmen gewährt, haben die Herrn *Oberdörffer* und *Ferd. Worlée* die Verwaltung der Ethnographischen Sammlung übernommen.

II. Der Botanische Garten.

(Bericht des Herrn Prof. Dr. Reichenbach.)

In Bezug auf Samenverkehr und Austheilung von Exemplaren beziehen wir uns auf das vorige Programm: es ist ungefähr dasselbe Verhältniss geblieben.

Das Jahr war nicht eben ein günstiges zu nennen. Die Samenärndte war nicht befriedigend.

Zur grossen Freude gereichte es dem Publicum, dass die Victoria regia wieder, und überreich, blühte, welche uns 1864 und 1865 ihre Gunst versagt hatte. Wir danken diese Genugthuung wesentlich der grossen Bereitwilligkeit, mit der die hohe Baubehörde in ausserordentlich kurzer Frist eine zur Hebung der Cultur nöthige Röhrenleitung herstellen liess.

Die Blüthe eines Schmarotzergewächses, Orobanche Cirsii, war etwas Ungewöhnliches. Freilich nahm kein kleiner Theil des Publicums an dem bescheidenen Aeussern der Pflanze Anstoss.

Unsre letzte schöne Musschia Wollastoni erhob ihren herrlichen Blüthencandelaber voll gelber Glocken, ehe sie, nach Art monokarpischer Pflanzen, uns für immer Abschied sagte. Hoffentlich werden Aussaaten uns die Art erhalten.

Auf neue Acquisitionen konnte wenig gesonnen werden. Es fehlt uns an Raum, so lange der Handel uns noch bewahrt wird. Demnach sind selbst die Ankäufe auf das nächste Jahr verschoben worden.

Einige Spenden erwähnen wir mit herzlichem Dank, nach der Periode ihres Eintreffens. Herr *Carl Schülke* übergab 55 Arten Sämereien aus Chile; Herr *A. Solmitz* 57 Arten Sämereien aus Australien, Herr *Schiffmann* 23 Arten dergleichen vom Vorgebirge der guten Hoffnung; Herr Capitain *A. Kämpfer* ein Mesembryanthemum und 6 Arten Sämereien aus Japan; Herr *Polly* eine Zamia nebst Samen von Puerto Cabello; Herr *Fellmann*, durch Herrn *Benda* in Berlin einige nordamerikanische Gewächse, unter denen Xerophyllum asphodeloides; Herr *J. Veitch und Söhne* in London 12 Pflanzen, unter denen die schöne Urceolina pendula mit den flaschenförmigen Blüthenhüllen, die auf der Londoner internationalen Ausstellung so viel Aufsehen erregten; Capitain *Wesenberg* 130 Arten Samen aus Australien; Herr *R. Schomburgk* in Adelaide 55 Arten ebendaher; Herr *Cäsar Godeffroy* eine sehr üppige Knolle Tacca pinnatifida und eine Anzahl australischer und polynesischer Samen; Herr *C. E. Boje* Samen einer Victoria argentina, die von V. regia verschieden sein soll; die Herren *Haage und Schmidt* in Erfurt Cycas media, Macrozamia, Pandanus spiralis.

Im Tausch erhielten wir aus dem botanischen Garten zu Christiania eine Sammlung von 215 lebenden Stauden, meist Gebirgspflanzen; aus dem botanischen Garten zu Krakau eine Sammlung Iris; aus dem Garten der Frau Senatorin *Jenisch*, aus Herrn *Kramers* Händen, Selenipedium Pearcei, Sphenogyne latifolia, Caladium Troubetzkoyii; von Herrn *A. F. Brödermann* Samenpflanzen von Schinus molle, Eucalyptus globulus, floribunda.

Endlich berichten wir, dass eine längst beabsichtigte Neuerung durch Bewilligung der nöthigen Mittel nunmehr möglich wurde. Es ist nun angefangen worden, eiserne Etiketten mit mehrfachem Anstrich für die Freilandpflanzen aufzustellen und wird damit fortgefahren werden.

Wahrscheinlich gestatten es die Verhältnisse, im nächsten Jahresberichte tiefer eingreifende Veränderungen mittheilen zu dürfen.

III. Das naturhistorische Museum.

(Bericht der Museums-Commission.)

Die Klasse der Säugethiere wurde um 31 Nummern vermehrt, von denen wir viele dem zoologischen Garten verdanken. Als die vorzüglichsten Stücke mögen folgende besonders genannt werden:

Troglodytes nigra (Schimpanse), Colobus angolensis, Otolicnus crassicaudatus, Felis pardus Var. melas (schwarzer Panther), Castor fiber (nordamerikanischer Biber), Ovis tragelaphus (Mähnenschaf), Ovis musimon (Muflon) und Otaria Godeffroyi (Ohrenrobbe).

Von einer Anzahl Säugethiere wurden die Gehirne ausgenommen und in Spiritus conservirt; von vielen die Skelette roh zubereitet und zur späteren Reinigung und Aufstellung aufbewahrt.

In der ornithologischen Sammlung wurden im verflossenen Jahre 352 Stück neu aufgestellt; von diesen stammen 31 aus dem zoologischen Garten. Angekauft wurden gegen 100 Bälge, und zwar meistens aus der berühmten Sammlung des verstorbenen Pastors Brehm in Renthendorf. Wie ansehnlich verschiedene Ordnungen der Vögelsammlung in den letzten Jahren bereichert worden sind, möge folgende Uebersicht zeigen:

	1862.		1866.	Zuwachs.
1) Rapaces	220	Stück	270	50
2) Passeres,				
a. Fissirostres	157	„	190	33
b. Tenuirostres	266	„	298	32
c. Subulirostres	235	„	307	72
d. Dentirostres	276	„	328	52
e. Conirostres	320	„	414	94
3) Corvidae	166	„	222	56
4) Scansores	310	„	394	84
5) Columbae	59	„	78	19
6) Gallinae	120	„	177	57
7) Cursores	11	„	14	3
8) Grallae	244	„	311	67
9) Natatores	212	„	290	78
	2596		3293	

Zuwachs in 4 Jahren . . . . . . 697 Stück.

Die neu hinzugekommenen Stücke sind zum Theil Vertreter neuer Genera, wodurch wesentliche Lücken unserer Sammlung ausgefüllt wurden. Für den alten, nicht mehr genügenden Katalog ist die Anfertigung eines neuen in Angriff genommen.

Die Eiersammlung hat in diesem Jahre ebenfalls erfreuliche Fortschritte gemacht, indem sie um 76 Species bereichert wurde. Dankbare Anerkennung fordert die freundliche Beihülfe, welche uns Herr *Wessel* bei der Aufstellung derselben geleistet hat.

Reptilien, Amphibien und Fische wurden nicht aufgestellt, da die vorhandenen Arbeitskräfte fast gänzlich zur Aptirung von Säugethieren und Vögeln in Anspruch genommen wurden. Aber es sind im Laufe des Jahres die Vorräthe in diesen Klassen nicht ohne ansehnlichen Zuwachs geblieben.

Die Insectensammlung wurde durch Sendungen aus Zansebar und Peru vermehrt. Besondere Erwähnung verdient die Erwerbung des Damaster Fortunei, eines seltenen Käfers aus Japan. Die Einsammlung der Schmarotzerinsecten von den Säugethieren und Vögeln des zoologischen Gartens wurde fortgesetzt. Einige 80 Arten von Vögelschmarotzern wurden, für das Mikroscop präparirt, der ornithologischen Sammlung beigefügt.

Die Arbeiten für die wissenschaftliche Aufstellung der Insecten erstreckten sich hauptsächlich auf die Käfer-Familie der Lamellicornien und auf die exotischen Schmetterlinge. Für die letzteren haben wir uns der Beihülfe des Herrn Dr. *Carl Crüger* zu erfreuen gehabt.

Die Sammlung der Mollusken erhielt einigen Zuwachs durch Conchylien aus dem adriatischen Meere. Die Vorräthe für dieselbe wurden durch mehrere Ankäufe vermehrt.

Zu der Sammlung der Würmer kamen einige Nereiden aus der Algoabai und mehrere Eingeweide-Würmer aus Thieren des zoologischen Gartens.

Für die Sammlung der Echinodermen wurden Seesterne, Seeigel und Seewalzen aus dem adriatischen Meere und einige Seeigel aus dem grossen Ocean erworben.

Aus dem Indischen Meere und der Südsee erhielten wir 15 Korallen und 7 Gorgonien.

Die mineralogisch-geologische Sammlung hat für die Besucher des Museums im vergangenen Jahre dadurch eine wesentliche Erweiterung erfahren, dass die Anschaffung der längst gewünschten Schränke ermöglichte, eine neue Aufstellung vorzunehmen und die Sammlungen im grösseren Umfange der Beschauung darzubieten. Dieselbe zerfällt in die vier Abtheilungen: 1) die oryktognostische, 2) petrographische, 3) die geognostisch-paläontologische, 4) die technisch-mineralogische. Zu einer jeden dieser Abtheilungen giebt eine an den Pfeilern aufgehängte Tafel den Nachweis über das bei der Anordnung befolgte System und erleichtert dem Belehrung Suchenden das Zurechtfinden und Verständniss der Aufstellung.

Für die petrographische und technisch-mineralogische Abtheilung sind theils ältere vorhandene, theils neu erworbene Reihenfolgen verwendet, so dass mit Hinzurechnung einiger Geschenke eine ziemlich vollständige Uebersicht ermöglicht ward. Die oryktognostische Sammlung wurde in einzelnen noch nicht vertretenen Species durch Kauf vervollständigt, in andern durch Geschenke wesentlich bereichert. Die paläontologische Sammlung wurde namentlich durch Erwerbung von Petrefakten aus dem Lias und der Kreide Englands bereichert.

Für die Unterbringung so vieler neuer Gegenstände waren neue Schränke nothwendig, für deren Aufstellung wir der löblichen Bau-Behörde Dank zu sagen haben. Namentlich haben dadurch die Vögel-, Insecten-, Conchylien- und Mineralien-Sammlung neuen Raum gewonnen. Für die grossen Säugethiere ist leider schon aller Platz in den Schränken vergeben, so dass wir genöthigt waren, mehrere kostbare Thiere frei aufzustellen.

Zu den Bestimmungen der Thiere benutzen wir hauptsächlich Werke aus der Stadt- und Commerz-Bibliothek, von deren Bibliothekaren wir in liberalster Weise unterstützt werden. Leider aber fehlen hier noch manche unentbehrliche neuere Werke, die die Stadt-Bibliothek nicht anschaffen konnte, weil ihr Etat für die jetzigen Verhältnisse viel zu gering ist.

Da die Einrichtung eines neuen Gebäudes für die naturwissenschaftlichen Sammlungen unserer Stadt von Jahr zu Jahr sich unabweislicher aufdrängt, hat die Museums-Commission nicht unterlassen können, diesen Gegenstand in Erwägung zu ziehen und der Behörde ihre Ansichten über denselben vorzulegen.

In Folge eines Antrages der Museums-Commission wurde der jährliche Staatszuschuss für das Museum um 1500 ℳ vermehrt. Diese wurden theils zur Verbesserung der Einnahme des Conservators, theils zur Anstellung eines Gehülfen verwendet.

Die Commission hat dankbar anzuerkennen, dass im verflossenen Jahre eine grössere Anzahl Schiffscapitäne ihren Eifer für unser Museum dadurch bethätigten, dass sie Kisten mit Naturalien gefüllt zurückbrachten oder dass sie um Gefässe, Netze und Unterweisung, Thiere zu fangen und zu conserviren, baten. Einige übergaben dem Museum ihre Naturalien als freie Geschenke, andere erhielten für ihre Bemühungen und Auslagen eine ihnen gern gewährte Entschädigung. Ohne die patriotische Beihülfe von Männern dieses Berufes hätte unser Museum in 24 Jahren schwerlich die Stufe erstiegen, auf der wir es heute zu unserer Freude stehen sehen.

IV. Sternwarte.

(Bericht des Herrn Directors Rümker.)

Im Lauf des vergangenen Sommers wurde der Bau des Miren-Gebäudes im Garten der Sternwarte in sehr solider und zweckmässiger Weise ausgeführt und wurden im Meridianzimmer selbst die Pfeiler für den Collimator und für das Miren-Objectiv errichtet, worauf alsdann im Herbst die Wiederaufstellung des Meridiankreises stattfinden konnte. Dieses sehr werthvolle, in seinem ursprünglichen Zustande aus dem Jahre 1836 zurückdatirende Instrument, hat in der Werkstätte der Herren Repsold, die gewünschten sehr wesentlichen den gegenwärtigen Bedürfnissen der beobachtenden Astronomie entsprechenden

Vervollkommnungen erhalten, so dass so weit die optische Kraft des Glases es gestattet, die nunmehr an demselben erzielten Positionen der Gestirne einen hohen Grad der Genauigkeit beanspruchen dürfen. Eine detaillirte Beschreibung der vorgenommenen Verbesserungen wird demnächst in den Astronomischen Nachrichten erscheinen.

Im gegenwärtigen Frühjahr wird die eiserne Kuppel des grösseren 1855 gebauten bis jetzt leerstehenden Beobachtungsthurms, deren Einrichtung, namentlich die Maschinerie zum Öffnen des Beobachtungsspaltes, sich als unzweckmässig erwiesen hat, eine durchgreifende Umgestaltung erfahren. Nach Ausführung derselben, soll alsdann zur Aufstellung des endlich vollendeten grossen Aequatorials von $9\frac{1}{2}$ Zoll Objectiv-Oeffnung geschritten werden. Den zusammen mit den übrigen Instrumenten bestellten galvanischen Registrir-Apparat darf die Sternwarte in diesem Jahre gleichfalls erwarten.

Unser Institut, dessen Instrumentenbestand bekanntlich in der letzten Zeit auf ein höchst ungenügendes Minimum reducirt war, wird somit im Laufe dieses Jahres, nachdem seine moderne Ausstattung den liberalen Intentionen der Behörde gemäss vollendet, wieder berechtigt sein, eine seinem früheren Rufe entsprechende Stellung unter den best ausgerüsteten Sternwarten Deutschlands einzunehmen. Hoffentlich wird auch die Zahl der alsdann neu anzustellenden Arbeitskräfte eine den Ansprüchen der Neuzeit angemessene sein.

Die Witterung des verflossenen Jahrs war nur im Frühjahr und Herbst, namentlich die Monate April, Mai und October hindurch, den Beobachtungen günstig. Es wurde besonders die Bestimmung der Circumpolar-Nebel am fünffüssigen Refractor fortgesetzt und zu einem vorläufigen Abschlusse geführt. Die letzten Resultate dieser Beobachtungen sind in den Astronomischen Nachrichten No. 1599 und 1632 niedergelegt. Am Meridiankreis werden gegenwärtig Vorarbeiten für eine demnächst an demselben auszuführende grössere Zonenbeobachtung des nördlichen Himmels angestellt.

An weiteren Planeten der Gruppe zwischen Mars und Jupiter, sind seit unserem letzten Berichte hinzugekommen: Silvia, entdeckt von Herrn *Pogson* in Madras am 16. Mai 1866, Thisbe, entdeckt von Prof. *Peters* in Clinton U. S. am 15. Juni, zwei bis jetzt noch unbenannte Planeten von Herrn *Stephan* in Marseille am 6. August und 4. November, so wie Antiope, von Herrn Dr. *Luther* in Bilk bei Düsseldorf am 1. October entdeckt; die Zahl dieser uns bis jetzt bekannten Körper beträgt somit 91. Neue Cometen-Erscheinungen hat das vergangene Jahr uns keine gebracht.

V. Das Chemische Laboratorium und das Physikalische Kabinet.

(Bericht des Herrn Prof. Wiebel.)

Seit dem Erscheinen des letzten Jahresberichtes sind für beide Institute wichtige Erwerbungen möglich gewesen. Die Einrichtungen des Laboratoriums erhielten durch die Herstellung eines mit Gas geheizten Wasserbades und eines besonderen Arbeitsraumes für riechende Gase eine wesentliche Vervollkommnung, und gestatteten eine ausgedehntere Benutzung der Anstalt für praktische Uebungen. Eine Reihe zu electrochemischen Versuchen dienender Glasgeräthe mit Platin bereicherte die Sammlung der Apparate. Im Physikalischen Kabinet sind als neu hervorzuheben: 1) Ein Gefäss-Barometer nach Fortin von J. G. Weber in Millimeter getheilt; Nonius auf $\frac{1}{10}$ Millim. und additiv. 2) Ein Rheostat nach Wheatstone von J. G. Weber. 3) Ein Polarisationsapparat nach Wild von Meyerstein. 4) Rotationsapparate von C. Schmidt. Das im vorigen Berichte erwähnte Kathetometer von Meyerstein hat eine Skalenlänge bei 0° von 1 Meter; der Nonius geht auf $\frac{1}{20}$ Millim. und ist additiv.

Verzeichniss der Vorlesungen,

welche von Ostern 1867 bis Ostern 1868 am akademischen und Real-Gymnasium gehalten werden sollen.

Christian Petersen, Professor der classischen Philologie, d. Z. Rector,

beabsichtigt

im Sommersemester

1) den *Phaedros* des *Plato*, Montag und Donnerstag von 10—11 Uhr,
2) die *Deutschland* betreffenden Stellen in *Tacitus' Annalen*, Dienstag und Freitag von 10—11 Uhr zu erklären;
3) *Geschichte der Griechischen Vasenmalerei* vorzutragen, Mittwoch von 10—11 Uhr;
4) die *Institutionen* des Kaisers *Justinian* zu erklären, in später zu bestimmenden Stunden.

Im Wintersemester

denkt derselbe

1) die *Bakchen* des *Euripides*, Dienstag und Donnerstag von 11—12 Uhr,
2) den *Rudens* des *Plautus* zu erklären, Montag und Freitag von 11—12 Uhr;
3) *Einleitung* in die *Verfassungsgeschichte des Römischen Staates*, Mittwoch von 11—12 Uhr;
4) *Geschichte der Erziehung bei den Griechen* (für Lehrer), in später zu bestimmenden Stunden,
5) *Geschichte der Baukunst bei den Griechen* (öffentlich) vorzutragen, Donnerstag Abend von 8—9 Uhr.

Auch ist er bereit, so fern es gewünscht wird, *Uebungen im Lateinisch-Schreiben* anzustellen.

c

K. W. M. Wiebel, Professor der Physik und Chemie,

wird lesen

im Sommer- und Wintersemester:

1) Encyclopädie der Naturwissenschaften, Dienstag und Freitag von 9—10 resp. 10—11 Uhr.

2) Experimental-Physik, Montag, Mittwoch und Donnerstag von 9—10 resp. 10—11 Uhr.

3) Praktische Uebungen im Chemischen Laboratorium unter Leitung des Dr. *F. Wibel*, täglich mit Ausnahme des Sonnabend, in beliebiger Stundenzahl;

ausserdem

im Wintersemester:

4) Oeffentliche Vorlesungen über einige Hauptfragen der neueren Geologie.

Dr. *Gust. Mor. Redslob*, Professor der biblischen Philologie und der Philosophie,

trägt folgende Vorlesungen an:

Im Sommerhalbjahr:

1) ausgewählte Psalmen, Montag, Dienstag und Donnerstag von 1—2 Uhr.

2) Evangelium des Markus, Mittwoch und Freitag von 12—1 Uhr.

3) Logik, Montag, Dienstag und Donnerstag von 12—1 Uhr.

Im Winterhalbjahr:

1) Fortsetzung der Psalmenlektüre, Montag und Donnerstag von 1—2 Uhr.

2) Apostelgeschichte, Montag und Donnerstag von 2—3 Uhr.

3) Für im Hebräischen grammatisch gehörig Vorbereitete Anfangsgründe des Arabischen, Dienstag, Mittwoch und Freitag von 1—2 Uhr.

Ludwig Karl Aegidi, Dr. der Rechte, Professor der Geschichte,

gedenkt

im Sommer:

Deutsche Staats- und Rechtsgeschichte, fünfmal von 11—12 Uhr, im Winter:

1) öffentlich Verfassungsgeschichte Deutschlands im 19. Jahrhundert, Sonnabends von 8—9 Uhr Abends.

2) Geschichte des Mittelalters (Fortsetzung), in der Lehrerbildungs-Anstalt, Montag und Donnerstag Abends von 6—7 Uhr.

3) Geschichte des dreissigjährigen Krieges, für Gymnasiasten, Montag, Mittwoch und Donnerstag von 12—1 Uhr, vorzutragen.

H. G. Reichenbach, Dr., Professor der Botanik,

zeigt folgende Vorträge und Uebungen an:

Im Sommer:

1) Allgemeine Botanik, Donnerstag und Freitag von 4—6 Uhr.

2) Botanische Uebungen, Mittwoch und Sonnabend von 4—6 Uhr.

Im Winter:

1) Pflanzenanatomie und Pflanzenphysiologie, Mittwoch und Sonnabend von 3—4 Uhr.

2) Kryptogamenkunde, Mittwoch und Sonnabend von 4—5 Uhr.

George Rümker, M. A., Docent der Mathematik,
Director der Sternwarte,

gedenkt zu lesen:

Im Sommersemester:

1) Analytische Geometrie, Dienstag, Mittwoch, Donnerstag von 7—8 Uhr Morgens.

2) Trigonometrie (ebene und sphärische) Dienstag und Donnerstag von 8—9 Uhr Morgens.

3) Elementar-Mathematik, zweistündig.

Im Wintersemester:

1) Niedere Analysis, Dienstag, Mittwoch, Donnerstag von 8—9 Uhr Morgens.

2) Nach Wunsch: Höhere Analysis oder Sphärische Astronomie, Montag und Freitag von 9—10 Uhr.

3) Oeffentlich: Ueber populäre Gegenstände der Astronomie.

c *

Vorlesungen der Abtheilung des Real-Gymnasiums für Lehrerbildung.

Herr Senior Dr. *Alt:* Bibelkunde. Im Sommersemester: Culturzustand der Hebräer, im Wintersemester: Gottesdienst, Freitag 6 Uhr.

„ Prof. *Chr. Petersen:* Im Wintersemester: Geschichte der Erziehung und Pädagogik im Alterthum, Mittwoch von 7—8 Uhr.

„ Prof. Dr. *Aegidi:* Im Wintersemester: Geschichte des Mittelalters (Fortsetzung), Montag und Donnerstag von 6—7 Uhr.

„ Dr. *Bahnson:* Im Sommersemester: Planimetrie (Fortsetzung), Dienstag von 7—8 Uhr; Arithmetik (Fortsetzung), Freitag von 7—8 Uhr. Im Wintersemester: Neuere Geometrie, Dienstag von 7—8 Uhr; Algebraische Uebungen, Freitag von 7—8 Uhr.

„ Dr. *K. Möbius:* Im Wintersemester: Zoologie Donnerstag von 7—8 Uhr.

„ Dr. *Redlich:* Im Sommer- und Wintersemester: Französisch, I. Abtheilung, Mittwoch von 5—6 Uhr, II. Abtheilung, Sonnabend von 6—7 Uhr; Deutsch, Mittwoch von 6—7 Uhr.

„ Dr. *Sievers:* Im Sommer- und Wintersemester: Englisch, Montag von 7—8 Uhr, Dienstag 6—7 Uhr.

„ Dr. *Wellig:* Geographie, Fortsetzung, im Sommersemester: Donnerstag von 7—8 Uhr; im Wintersemester: Sonnabend von 5—6 Uhr.

„ Dr. *F. Wibel:* Im Sommersemester: Mineralogie, Montag von 6—7 Uhr; Unorganische Chemie, Donnerstag von 6—7 Uhr, Elemente der Optik, Sonnabend von 5—6 Uhr. Im Wintersemester: Geologie, Montag von 5—6 Uhr; Organische Chemie, Donnerstag von 5—6 Uhr; Grundzüge der Electricitätslehre, Sonnabend von 4—5 Uhr.

Ausserdem wird Herr *Partz* im Sommer- und Wintersemester, Stenographie lehren und zwar öffentlich, Sonnabend von 7—8 Uhr, wenn es gewünscht wird, zweimal wöchentlich.

Zufolge § 7 des Regulativs vom 4. September 1854 werden die Vorlesungen folgender Herren angekündigt:

Herr Dr. *F. Wibel:* Im Sommer- und Wintersemester: Unorganische Chemie, Montag, Mittwoch und Freitag von 8—9 Uhr resp. 9—10 Uhr. Analytische Chemie, Dienstag und Donnerstag von 8—9 Uhr resp. 9—10 Uhr.

„ Dr. *C. J. Küchenmeister:* Im Wintersemester: Ueber die Schöpfungsgeschichte der Erde.

Anatomische Lehranstalt.

Sommersemester.

Osteologie, Herr Dr. *Gläser*, Montags und Donnerstags von 5—6 Uhr.

Wintersemester.

Myologie, Angiologie und Splanchnologie; Ueber die ersten Hülfsleistungen bei Verletzungen und Unglücksfällen, Montags und Donnerstags Nachmittags.

Sommersemester.

Stunden.	Montag.	Dienstag.	Mittwoch.	Donnerstag.	Freitag.	Sonnabend.
7—8		Analyt. Geometrie. *Rümker.*	Analyt. Geometrie. *Rümker.*	Analyt. Geometrie. *Rümker.*		
8—9	Unorganische Chemie. Dr. *Wibel.*	Trigonometrie. *Rümker.* Analytische Chemie. Dr. *Wibel.*	Unorganische Chemie. Dr. *Wibel.*	Trigonometrie. *Rümker.* Analytische Chemie. Dr. *Wibel.*	Unorganische Chemie. Dr. *Wibel.*	
9—10	Experimental-Physik. *Wiebel.*	Encyclopädie der Naturwissenschaften. *Wiebel.*	Experimental-Physik. *Wiebel.*	Experimental-Physik. *Wiebel.*	Encyclopädie der Naturwissenschaften. *Wiebel.*	
10—11	Phaedros des Plato. *Petersen.*	Tacitus Annalen. *Petersen.*	Griechische Vasenbilder. *Petersen.*	Phaedros des Plato. *Petersen.*	Tacitus Annalen. *Petersen.*	
11—12	Deutsche Staats- und Rechts-Geschichte. *Aegidi.*	Deutsche Staats- und Rechts-Geschichte. *Aegidi.*	Deutsche Staats- und Rechts-Geschichte. *Aegidi.*	Deutsche Staats- und Rechts-Geschichte. *Aegidi.*	Deutsche Staats- und Rechts-Geschichte. *Aegidi.*	
12—1	Logik. *Redslob.*	Logik. *Redslob.*	Evangel. Markus. *Redslob.*	Logik. *Redslob.*	Evangel. Markus. *Redslob.*	
1—2	Psalmen. *Redslob.*	Psalmen. *Redslob.*		Psalmen. *Redslob.*		
4—6			Botanische Uebungen. *Reichenbach.*	Allgemeine Botanik. *Reichenbach.*	Allgemeine Botanik. *Reichenbach.*	Botanische Uebungen. *Reichenbach.*

Praktische Uebungen im Chemischen Laboratorium täglich, mit Ausnahme des Sonnabends, in beliebiger Stundenzahl. Dr. *Wibel.*

Wintersemester.

Stunden.	Montag.	Dienstag.	Mittwoch.	Donnerstag.	Freitag.	Sonnabend.
8—9		Analysis. *Rümker.*	Analysis. *Rümker.*	Analysis. *Rümker.*		
9—10	Sphärische Astronomie. *Rümker.* Unorganische Chemie. Dr. *Wibel.*	Analytische Chemie. Dr. *Wibel.*	Unorganische Chemie. Dr. *Wibel.*	Analytische Chemie. Dr. *Wibel.*	Sphärische Astronomie. *Rümker.* Unorganische Chemie. Dr. *Wibel.*	
10—11	Experimental-Physik. *Wiebel.*	Encyclopädie der Naturwissenschaften. *Wiebel.*	Experimental-Physik. *Wiebel.*	Experimental-Physik. *Wiebel.*	Encyclopädie der Naturwissenschaften. *Wiebel.*	
11—12	Rudens des Plautus. *Petersen.*	Euripid. Bakchen. *Petersen.*	Einleitung in die Verfassungsgeschichte des Römischen Reichs. *Petersen.*	Euripid. Bakchen. *Petersen.*	Rudens des Plautus. *Petersen.*	
12—1	Geschichte des dreissigjährigen Krieges. *Aegidi.*		Geschichte des dreissigjährigen Krieges. *Aegidi.*	Geschichte des dreissigjährigen Krieges. *Aegidi.*		
1—2	Psalmen. *Redslob.*	Arabisch. *Redslob.*	Arabisch. *Redslob.*	Psalmen. *Redslob.*	Arabisch. *Redslob.*	
2—3	Apostelgeschichte. *Redslob.*			Apostelgeschichte. *Redslob.*		
3—4			Pflanzenanatomie und Pflanzenphysiologie. *Reichenbach.*			Pflanzenanatomie und Pflanzenphysiologie. *Reichenbach.*
4—5			Kryptogamenkunde. *Reichenbach.*			Kryptogamenkunde. *Reichenbach.*
6—7	Geschichte des Mittelalters. (Fortsetzung.) *Aegidi.*			Geschichte des Mittelalters. (Fortsetzung.) *Aegidi.*		
8—9				Geschichte der Baukunst bei den Griechen. (Oeffentlich.) *Petersen.*	Populäre Astronomie. (Oeffentlich.) *Rümker.*	Verfassungs-Geschichte Deutschlands im 19. Jahrhundert. (Oeffentlich.) *Aegidi.*

Praktische Uebungen im Chemischen Laboratorium täglich, mit Ausnahme des Sonnabends, in beliebiger Stundenzahl. Dr. *Wibel.*

Lehrerbildungs-Anstalt.

Sommersemester.

Stunden.	Montag.	Dienstag.	Mittwoch.	Donnerstag.	Freitag.	Sonnabend.
5—6			Französisch. Dr. *Redlich.*			Elemente der Optik. Dr. *F. Wibel.*
6—7	Mineralogie. Dr. *F. Wibel.*	Englisch. Dr. *Sievers.*	Deutsch. Dr. *Redlich.*	Unorganische Chemie. Dr. *F. Wibel.*	Culturzustand der Hebräer. Dr. *Alt.*	Französisch. Dr. *Redlich.*
7—8	Englisch. Dr. *Sievers.*	Planimetrie. (Fortsetzung.) Dr. *Bahnson.*		Geographie. Dr. *Wellig.*	Arithmetik. (Fortsetzung.) Dr. *Bahnson.*	Stenographie. *Partz.*

Wintersemester.

Stunden.	Montag.	Dienstag.	Mittwoch.	Donnerstag.	Freitag.	Sonnabend.
4—5						Electricitätslehre. Dr. *F. Wibel.*
5—6	Geologie. Dr. *Wibel.*		Französisch. Dr. *Redlich.*	Organische Chemie. Dr. *Wibel.*		Geographie. Dr. *Wellig.*
6—7	Geschichte des Mittelalters. (Fortsetzung.) Prof. *Aegidi.*	Englisch. Dr. *Sievers.*	Deutsch. Dr. *Redlich.*	Geschichte des Mittelalters. (Fortsetzung.) Prof. *Aegidi.*	Gottesdienst der Hebräer. Dr. *Alt.*	Französisch. Dr. *Redlich.*
7—8	Englisch. Dr. *Sievers.*	Neuere Geometrie. Dr. *Bahnson.*	Geschichte der Erziehung und Pädagogik im Alterthum. Prof. *Petersen.*	Zoologie. Dr. *Möbius.*	Algebraische Uebungen. Dr. *Bahnson.*	Stenographie. *Partz.*